天下雜誌
觀念領先

創造與漫想

Invent & Wander

The Collected Writings of Jeff Bezos,
With an Introduction by Walter Isaacson

JEFF BEZOS

傑夫・貝佐斯——著　趙盛慈——譯

一目　錄一

Part 2 人生篇

選擇、務實與夢想 239

導讀

一位真正的創新者

華特・艾薩克森

經常有人問我，當今世上有哪一個人能與我寫過傳記的對象齊名。我的作傳對象有：達文西、富蘭克林、艾達・洛夫萊斯（Ada Lovelace）、賈伯斯、愛因斯坦。他們都是聰明絕頂的人，但這不是他們顯得特別的原因。聰明的人到處都有，很多都沒有什麼成就，真正的關鍵在於，他們是否具有創意和想像力。唯有如此，一個人才能成為真正的創新者。所以，我的回答是傑夫・貝佐斯。

既然如此，**創意與想像力包括哪些元素？**又是什麼使我認為，貝佐斯足以媲美我的其他作傳對象？

第一點是好奇心，強烈的好奇心。以達文西為例，他的筆記內容趣味橫生，我們從這些筆記本裡發現，達文西的心智在各種自然領域翩翩起舞，展現豐沛、活潑的好奇心。他提出疑問，試著解答許多令人著迷的隨機問題：天空為何是藍的？啄木鳥的舌頭長什麼樣子？小鳥的翅膀在揮舞向上，還是揮舞向下時，動得比較快？水流旋轉的模式，怎麼會和頭髮捲起來的型態很像？下嘴唇的肌肉和上嘴唇的肌肉相連嗎？達文西不需要了解這些事，也能畫出《蒙娜麗莎》（但這確實有幫助）。他想要找出答案，因為他是達文西，對事物總十足好奇的達文西。愛因斯坦曾說：「我沒有特殊天分，就是有強烈的好奇心。」此話並非完全正確（他絕對有特殊天分），但他有句話說得非常好：「**好奇心比知識更重要**。」

第二項關鍵特質是熱愛藝術與科學，並將兩者結合。每一次賈伯斯推出新的產品——例如iPod 或 iPhone，都會在簡報末尾附上人文街和科技街的路口指標。他在某次發表會上表示：「蘋果電腦的 DNA 裡不能只有科技。我們相信科技結合人文，才能帶來令我們歡欣鼓舞的成果。」愛因斯坦也很清楚藝術與科學交織的重要性。在探索廣義相對論的過程有挫折感，他會拿出小提琴來演奏莫札特的曲子。他說，音樂能幫助他接引天體的和諧。我們從達文西那裡，看到了藝術和科學相連的有力符號「維特魯威人」，達文西筆下這名站在圓圈和方形中央的裸體男子，代表了解剖學、數學、美感和靈性的偉大成就對各種學科求知若渴，其實是一股助力。任何你有可能知悉並成為知識的事物，達文西和富蘭克林都渴望了解。他們研究解剖學、植物學、音樂、藝術、武器、水利工程，以及各種跨界領域。熱愛各種知識領域的人，最能辨別出不同自然現象裡，有哪些相同的模式。富蘭克林和達文西都對旋風和漩渦深感著迷。富蘭克林因此解答了暴風是如何沿海岸席捲陸地的問題，並且繪製出墨西哥灣流圖。達文西則是了解心瓣的運作方式，並在《基督受洗圖》畫出耶穌腳踝附近的漣漪，以及《蒙娜麗莎》的捲髮。

真正有革新力和創意的人還有一項特點，**就是他們擁有現實扭曲力場**（reality-distortion field）——這是一個用來形容賈伯斯的詞彙，出自《星艦迷航記》的某一集，外星人運用純粹的精神力量，創造出全然不同的新世界。如果同事抗議賈伯斯的點子或提案無法執行，他會運用從印度大師那裡學來的技巧，不眨眼，盯著對方說：「別害怕，你辦得到。」結果通常都會成功。他會把人逼瘋，使人焦躁不安，但在他的推動下，人們也做到了自己認為辦不到的事。

與此相關的一種能力，就展現在蘋果公司一支令人印象深刻的廣告中，賈伯斯在廣告裡做到了所謂的「不同凡想」（think different）。二十世紀初，科學界百思不得其解，他們不明白為何不論觀察者用多快的速度靠近或遠離光源，光的移動速度始終如一。當時愛因斯坦是一名在瑞士專利局工作的三等技術員，正在研究將訊號發送給不同時鐘，而時間卻顯示其間光的速度為同時的裝置。他發現處於不同動作狀態下的人，會對時間是否同步有不一樣的感受，於是便跳脫思維框架產生不同想法。他推論出因為時間本身是相對的，光的速度或許為恆定不變，會隨著人的動作狀態而改變。若干年後，物理界的其他人士才明白，「相對論」是正確的。

關於我的作傳對象最後一項共通的特質，**是他們都保有孩子般純真的驚奇感**。大部分人會在人生中某個時間點，不再思索日常生活現象。父母師長變得沒有耐心，要我們別再問那麼多蠢問題。我們可能細細品味藍天的美，卻不再傷腦筋去想天空為何是藍的——這個問題達文西想過，愛因斯坦也想過，他在給朋友的信裡寫道：「站在我們從何而來這個偉大謎團前，你和我從未停止當個好奇的孩子。」我們必須小心，不要因為長大而失去好奇心，也不要讓我們的孩子變成那樣。

這些特質在貝佐斯身上體現。他從來沒有因為長大而失去好奇心。幾乎每一件事情，他都抱持孩童般無窮且愉快的好奇心。**講述事情和說故事是他的興趣**，這不光來自亞馬遜的書商本業，也是他的個人嗜好。小時候，每年夏天貝佐斯都在當地圖書館大量閱讀科幻小說，現在他每一年都會為作家和電影製作人辦靜修營。另外，**亞馬遜讓他對機器人和人工智慧產生興趣**，他也在這兩個領域，發展出一股對追求知識的熱情。現在，每年還會舉辦另外一場聚會，號召對機器學習、自動化、機器人和外太空感興趣的專家齊聚一堂。他蒐集了一些有關重大科學、探索和發現的歷史文物，並將對於人文的愛好、對科技的熱情，融入商業直覺。

人文、科技、商業，這三項要素使他成為這個世代最成功和最具影響力的創新者。貝佐斯和賈伯斯一樣，**驅動許多產業轉型**。**全世界最大的網路零售商亞馬遜，改變了我們的購物方式和我們對運輸配送的期待**。美國有一半的家庭加入亞馬遜尊榮會員制，亞馬遜在二〇一八年配送一百億件商品，這個數字比地球總人口多二十億。**亞馬遜網路服務**（Amazon Web Services，簡稱 AWS）提供的雲端運算服務及應用程式，幫助新創公司和老字號企業輕鬆開發新的產品與服務——就像 iPhone 應用程式商店（App Store），為業者開拓一條全新的路。

亞馬遜的 Echo 音箱為智慧型居家音響打造新的市場，**亞馬遜影業**（Amazon Studios）正在製作熱門的電視節目與電影。**亞馬遜也準備進軍醫藥保健業**。起初，**亞馬遜收購連鎖店全食超市**（Whole Foods），令眾人大惑不解，直到事情明朗大家才知道，這麼做能將貝佐斯新商業模式裡的元素串聯起來，實在高招。新的模式包含了零售、網路訂購和迅速出貨，並與實體基地結合在一塊。貝佐斯也在打造一間私人太空公司，長期目標是將重工業轉移至外太空，而他還當上《華盛頓郵報》的老闆。

他身上當然也有一些賈伯斯特有的惱人特質。儘管享負盛名和具影響力，在貝佐斯狂暴的笑聲背後，他總有些令人費解。但我們可以從他的人生故事和文字，一窺是什麼力量驅動著他。

回首那些年

貝佐斯很小的時候，有一對大耳朵、笑聲宏亮、好奇心無窮無盡。他會到外祖父勞倫斯·傑斯（Lawrence Gise）位於德州南部的廣袤農場度過夏天。正直無私卻很慈祥的傑斯是一名海軍中校，曾在美國原子能委員會（Atomic Energy Commission）擔任副主管，協助開發氫彈。貝佐斯在外祖父那裡，學到了自立自強的精神。推土機壞掉了，他和外祖父自己做起重機，將工具設備吊起來修理。他們一起閹割牛隻、建造風車、鋪設管線，花大把時間談論科學技術和太空旅行的最新進展。貝佐斯回憶：「他都自己做獸醫的工作。他會自己做針替牛隻縫合傷口。他會拿一根鐵絲，用噴槍加溫，用力敲扁，做出一個尖頭，再鑽一個孔眼——針就做出來了。有幾隻牛真的活了下來。」

貝佐斯是個喜歡大量閱讀的人，擁有一顆勇於探索的心靈。外祖父會帶他到一間科幻小說藏書豐富的圖書館看書。那幾年夏天，貝佐斯在書架間埋首讀了上百本書。以撒・艾西莫夫（Isaac Asimov）和羅伯特・海萊因（Robert Heinlein）是他最愛的作家，長大以後，貝佐斯除了引述他們的句子，還會偶爾借用他們的法則、教誨和術語。

對於灌輸及養成他自立自強的個性和冒險精神，媽媽賈姬（Jackie）同樣功不可沒。賈姬和爸爸、兒子一樣堅忍不拔、機智敏銳，才十七歲就懷了貝佐斯。貝佐斯解釋：「她是一名高中生，你可能會想：『哇，在一九六四年的阿布奎基市當個懷孕少女應該很酷。』才不是，你要很有勇氣才行，還要有父母的大力支持。那間高中甚至想要把她踢出學校。我猜他們是覺得懷孕會傳染吧。我冷靜睿智的外公找校長談過，這才答應讓她留下完成高中學業。」貝佐斯從她身上學到最重要的一課是什麼？他說：「從小跟著這樣的媽媽長大，你會有驚人的膽量。」

貝佐斯的生父經營一間腳踏車店，在獨輪車馬戲團裡表演。他和賈姬的婚姻關係維持不久。媽媽在貝佐斯四歲時再婚，第二任丈夫和她比較般配，貝佐斯也從他身上，學到了膽量和決心的價值——他的名字叫米蓋爾・貝佐斯（Miguel Bezos），也就是麥可（Mike）。麥可同樣是個自立自強和富冒險精神的人，十六歲時他穿著媽媽用家中破布縫製的外套，獨自一人漂洋過海，從卡斯楚掌權的古巴來到美國。跟賈姬結婚以後，麥可收養了精力充沛的傑夫，並把姓氏冠給了他。這個孩子從此將他視為親生父親。

一九六九年，五歲的貝佐斯在電視上看見阿波羅十一號任務的報導。節目最後播出阿姆斯壯在月球上漫步的畫面。那一刻，啟發了貝佐斯。他說：「我記得在我們家客廳的電視上看到報導，也記得爸爸媽媽和外公外婆有多興奮。小孩子感受得到那種興奮之情，知道有不同凡響的事件正在發生。後來那的確成為了我所熱中的事。」他對外太空的迷戀，加上其他因素，使他成為《星艦迷航記》死忠影迷。每一集，他都瞭若指掌。

在蒙特梭利幼稚園念書時，貝佐斯就已經是個專注得不得了的人。他回憶：「老師向我媽媽抱怨，說我做事太專注，她沒有辦法叫我改做其他活動，只好把我連椅子一起搬走。順帶一提，你去問和我一起工作的人，直到今天應該都還是這樣。」

一九七四年，對《星艦迷航記》的熱情引領十歲的貝佐斯開始認識電腦。他發現，他可以在休士頓的小學電腦室，用終端機玩太空電動遊戲。當時，他爸爸在休士頓的埃克森公司（Exxon）工作。那個年代，個人電腦還沒有發明出來，學校的電腦終端機是用一台撥接數據機，連接到一間公司的主機，這間公司把多餘的電腦時間捐給學校。貝佐斯說：「我們有一台用老聲學數據機連線的電傳打字機。你真的要撥打一般的電話，然後拿起聽筒，把聽筒放到小托架上。包括老師在內，沒有人知道怎麼操作這台電腦，沒有人會使用。但有一堆操作手冊。我和其他幾名學生，放學後留下來，學怎麼替這東西設定程式……然後我們發現，位於休士頓中部某地的主機程式設計師，把電腦設定成可以打《星艦迷航記》遊戲。從那天起，我們就只玩《星艦迷航記》。

媽媽為了支持貝佐斯發展對機械和電子學的興趣，會載他往返電子產品零售公司睿俠（RadioShack）買零件，讓他把家裡的車庫改造成科學實驗室。她甚至放手讓貝佐斯製作精巧的詭雷去嚇弟弟妹妹。他說：「我不斷在家裡布置各式各樣會發出警報聲響的詭雷，有一些不只會發出聲音，還跟真的詭雷一樣。我媽媽很偉大，可以一天載我到睿俠好幾次。」

童年時期貝佐斯崇拜的業界英雄是愛迪生和華特．迪士尼。他說：「我一直對發明家和發明東西很感興趣。」雖然愛迪生發明的東西比較多，但貝佐斯更崇拜華特．迪士尼，因為他的遠見中有大膽無畏的精神。他說：「我覺得，他有開拓視野的非凡能力，能讓一大群人相信他的遠大見識。華特．迪士尼發明的東西，例如迪士尼主題樂園，不像愛迪生的許多發明物，它們是非常有遠見的發明，沒有人能憑一己之力完成。華特．迪士尼確實能讓龐大的團隊做起事來齊心協力。」

高中時期，貝佐斯一家人搬家到邁阿密。此時的他，在校成績一流，有點書呆子的模樣，仍然對太空探索心醉神迷。獲選擔任班上的畢業生致詞代表時，他以外太空為主題，談論如何殖民星球、建造太空旅館，以及如何藉由尋找其他可發展製造業的星球，來拯救瀕臨危機的地球。在致詞結尾貝佐斯說：「太空，最後的疆界，我們那裡見！」

貝佐斯原先抱著讀物理系的目標上普林斯頓大學，心想這是個聰明的計畫，直到量子力學課擊潰了他，這才斷念。有一天，他和室友在解一道非常困難的偏微分方程式。他們到另外一位修這堂課的同學房間，請他幫忙解題。對方盯著題目看了一會兒，就告訴他們答案。貝佐斯非常驚訝，這道題目要用三頁詳細的代數算式才能講解清楚，同學竟然在腦中計算。貝佐斯說：「我就是在那一刻意識到，我永遠無法成為一名偉大的理論物理學家。我看見不祥的徵兆，沒多久我就轉系改念電機工程和計算機科學。」這件事並不容易消化。他立志成為物理學家，卻面臨到自身極限。

畢業後貝佐斯前往紐約，在金融界發揮電腦專長，落腳大衛・蕭（David E. Shaw）經營的避險基金。這間公司利用電腦演算法，尋找金融市場裡的價差。貝佐斯對這份工作充滿熱情。他在辦公室裡放了一個睡袋，方便工作到深夜想睡在辦公室時使用，這預示日後他將在亞馬遜灌注狂熱的工作文化。

去做八十歲時也不後悔的事

一九九四年，貝佐斯在避險基金工作時發現，統計數據顯示網路每年以超過百分之二千三百的速度成長。他知道他想加入這個快速起飛的行業，從而想出了開一間網路零售商店的點子，類似數位時代的西爾斯百貨目錄。他知道從一項產品做起會比較謹慎，便選了書籍為商品——一部分原因在他喜歡看書，另一部分在，書本是不會腐爛的商品，可從兩間大型批發商購入。而且書市裡有三百多萬冊印刷書籍，遠超過單一間實體商店可陳列的數量。

當貝佐斯告訴大衛·蕭，想離開避險基金公司去築夢，大衛·蕭帶他到中央公園走了兩小時。「你知道嗎？傑夫，這是一個非常棒的點子。我覺得你想出的這個點子很好，但對目前沒有一份好工作的人來說會更適合。」他說服貝佐斯多想幾天再做決定。於是貝佐斯去問太太麥肯琪（MacKenzie）的意見。兩人在避險基金公司認識，當時新婚一年。她說：「你知道，不論你想做些什麼，你有需要，我都會全心投入。」

貝佐斯用心智訓練方法做決定，這個方法日後成為貝佐斯風險計算流程中相當著名的一環。他稱此為「**最小化遺憾框架**」（regret minimization framework）。他想像等自己八十歲時會如何回頭看待過去的決定。他解釋道：「我想要儘量減少缺憾。我知道等我八十歲時不會後悔嘗試這麼做。我不會後悔嘗試加入這個稱為網路的行列，我認為網路會舉足輕重。我知道，要是失敗了，我不會後悔，會令我悔恨的是不去嘗試，若我永遠不試，可能會抱憾終身。」

他和麥肯琪飛到德州，向貝佐斯的爸爸借了一輛雪佛蘭汽車並踏上旅程。後來，這件事在他的創業故事裡譜出傳奇的一頁。麥肯琪開車，貝佐斯則在車上打一份創業企畫書，以及寫上預估營收的試算表。他說：「你知道，在現實生活中，創業企畫書不會一下子就被別人接受，**但恪遵紀律撰寫計畫會逼你仔細思考議題**，培養一點安心的感覺。你開始明白，按下旋鈕，事情會啟動。那就是第一步。」

貝佐斯選擇以西雅圖作為新公司的據點，一部分是因為微軟和許多科技公司都將總部設在那裡，可以招募到很多工程師。而且附近有一間圖書經銷公司。貝佐斯想要馬上成立公司，所以在驅車前往西雅圖的路上，打了通電話給朋友，請對方推薦西雅圖的律師，結果朋友推薦的人是他自己的離婚律師。所幸，對方會處理設立公司的文件。貝佐斯告訴律師想將新公司命名為「卡達布拉」（Cadabra），來自魔咒「阿布拉卡達布拉」（abracadabra）。律師反問：「屍首？」*貝佐斯爆出招牌笑聲，他知道，得想出更好的名字。最後，貝佐斯決定以世界上最長的河流，來為這間他期許成為全球最大商店的公司命名。

他打電話告訴爸爸他在做什麼的時候，麥可．貝佐斯問：「什麼是網路？」貝佐斯或許是基於感性，才這樣描述當時的情境。麥可．貝佐斯其實是早期網路撥接服務的使用者，很清楚網路零售可能是怎樣一門生意。雖然他和賈姬認為，一時興起離開高薪的金融業工作很魯莽，但他們拿出畢生積蓄的一大部分，答應投資貝佐斯——最早投入十萬美元，之後投入更多。貝佐斯說：「初始創業資金主要來自我的父母，他們將很大一部分的畢生積蓄，投資我成立亞馬遜網站。得要非常大膽和信任對方，才會這樣做。」

麥可．貝佐斯承認他始終不懂貝佐斯的創業概念，也看不懂創業企畫書。貝佐斯說：「他把賭注押在自己兒子上，我媽媽也是。我告訴他們，我認為有百分之七十的機率他們會失去所有投資的積蓄……我給了自己比正常情形高三倍的成功機率，因為講真的，如果你去看新創公司的成功機率，其實只有一成，而我認為自己有三成勝率。」貝佐斯的媽媽賈姬日後表示：「我們不是投資亞馬遜，我們投資的是傑夫。」後來他們投入更多金錢，擁有公司股份百分之六，兩人發揮創意，積極運用這筆財富從事慈善事業，聚焦於提供學前教育機會給孩童。

其他人也不太了解貝佐斯的點子。當時《華盛頓郵報》記者克雷格．史托茲（Craig Stoltz）主掌報社的消費科技雜誌。貝佐斯前去報社推銷他的點子。史托茲後來在部落格文章裡寫道：「他個子不高，臉上掛著不自在的微笑，髮量稀疏，卻有某種強烈的情緒渲染力。」史托茲絲毫不感興趣，隨意敷衍了一下，拒絕替貝佐斯的點子撰寫報導。多年後，史托茲離開報社已久，貝佐斯買下了《華盛頓郵報》。

---

*譯注：屍首的英文「Cadaver」聽起來和「Cadabra」發音很像。

剛開始貝佐斯和麥肯琪在西雅圖附近租了一間兩房的屋子成立公司。喬許・奎特納（Josh Quittner）後來在《時代》雜誌這樣描述：「他們將車庫布置成工作空間，在裡面放了三台昇陽電腦（Sun workstations）。屋子的每個插座都接了延長線，一路蜿蜒至車庫，天花板上有一個黑洞——他們要騰出更多空間，所以把圓肚火爐拆了。為了省錢，貝佐斯到家得寶（Home Depot）買了三扇木門，用角鐵托架和二乘四角材自己釘出三張桌子，每張成本六十美元。」

亞馬遜網站在一九九五年七月十六日上線。貝佐斯和小團隊臨時做了一個響鈴，每次賣出商品就會發出聲音，但沒有多久這個響鈴就必須關掉，因為訂單如潮水般大量湧入。第一個月，亞馬遜沒有正式的行銷活動或宣傳計畫，只有請朋友替他們宣傳，就接到來自全美五十個州和四十五個國家的訂單。貝佐斯告訴《時代》雜誌：「開業頭幾天我就知道生意會很成功。顯然，我們在做的事，規模遠勝我們敢做的夢。」

起初，貝佐斯、麥肯琪和幾名早期員工包辦所有事務——裝貨、包貨、載包裹去寄送，樣樣都來。貝佐斯說：「我們接到太多訂單，超過了我們的負荷量，因為我們根本沒有配置像樣的物流中心。事實上，我們是跪在堅硬的水泥地板上用手包裝。」貝佐斯也經常一面大笑，一面訴說亞馬遜的另一個經典創業故事，講他們怎麼想出讓包裝作業更輕鬆的方法。

有一天貝佐斯驚呼：「我快被包裝搞死了！我的背好痛，水泥硬地板讓膝蓋好不舒服。知道我們需要什麼嗎？我們需要護膝！」

有一名員工看著貝佐斯，彷彿從來沒有看過這麼蠢的人，他說：「我們需要的是包裝台。」貝佐斯用彷彿看到天才的眼神看著那名員工，他回憶：「我覺得那是我有生以來聽過最聰明的點子。隔天我們買了一張包裝台，我們的產量應該提升了一倍。」

亞馬遜的成長速度飛快，意味著貝佐斯和同事對許多挑戰都還沒準備好。但他在這些趕鴨子上架的日子裡看見一線光明。他說：「因為這樣，公司裡的每一個部門都養成重視顧客服務的文化。包括公司裡的每一個人，因為我們必須親自動手處理非常貼近顧客的環節，去確保訂單順利出貨，於是真的創造出最適合我們的文化，那也是我們的目標，也就是成為全世界最以顧客為中心的公司。」

貝佐斯的目標很快就發展成打造一間「什麼都賣的商店」。接下來他將觸角延伸到音樂和影片市場。自始至終將焦點放在顧客身上的貝佐斯，寄了一千封電子郵件，去了解顧客還想買到什麼商品。顧客提供的答案讓他更深入了解到「長尾」的概念。意思是，要能提供每日暢銷商品之外的品項，即多數零售商貨架上沒有的商品。他說：「這些收到郵件的人，以當下他們想要買的東西來回答提問。我記得有一個人回答：『我希望你能賣擋風玻璃雨刷，因為我很需要擋風玻璃雨刷。』我心想這樣我們什麼都能賣，於是後來我們推出電子產品和玩具，並陸續推出各類商品。」

一九九九年底，我在《時代》雜誌擔任總編輯時，我們做了一個可說與主流脫鉤的決定，即使貝佐斯並非知名的世界領袖或政治人物，我們依然選他當那一年的年度風雲人物。我的理論是，影響我們生活最深的人往往不是那些經常出現在頭版的商業或科技界人士，至少他們在職業生涯初期不會經常登上頭版。例如，我們在一九九七年選英特爾公司的安迪・葛洛夫（Andy Grove）當年度風雲人物，因為我認為微晶片的長足進步為社會帶來改變，其深遠程度更勝任何首相、總統、財政部長的影響。

然而，就在一九九九年十二月以貝佐斯為年度人物的雜誌即將出刊，這時候卻開始浮現一股網路泡沫化的氛圍。我開始擔心（而且是對的），亞馬遜這類網路公司的股價會開始崩盤。於是我找上睿智的時代雜誌集團執行長唐・羅根（Don Logan），問他我選貝佐斯是不是做錯決定，過幾年如果網路經濟萎縮，這個決定會不會顯得很愚蠢。唐說不會，他告訴我：「堅持你的選擇。傑夫・貝佐斯不是經營網路公司，**他經營的是顧客服務公司**。往後幾十年，當大家早已遺忘所有眼前即將破產的網路公司，他還會在這一行。」

於是我們維持選擇。優秀的人像攝影師葛瑞格・赫斯勒（Greg Heisler），說服貝佐斯把頭從裝了填充材料的亞馬遜箱子伸出來照相，我們還在瑪格麗特・卡爾森（Margaret Carlson）的家裡辦派對，現場只提供從網路訂購的食物和飲料。《時代》雜誌最年輕有為的編輯喬舒亞・庫珀・雷默（Joshua Cooper Ramo）從歷史角度切入，為貝佐斯寫了一篇摘要報導：

每一次我們的經濟要出現地動天搖的轉變，總是有人比他人更早感受到變化，且撼動程度之強烈使其必得採取行動不可，而因應的行動看起來可能輕率，甚至是愚蠢。渡輪公司老闆康內留斯・范德比爾特（Cornelius Vanderbilt）在看見鐵路即將問世之際棄船。小湯瑪斯・約翰・華生（Thomas Watson Jr.）發現電腦將處處可見，即便當時電腦尚為稀罕之物，依然醉心於此，賭上了父親的辦公事務機公司，亦即IBM。傑佛瑞・普雷斯頓・貝佐斯（Jeffrey Preston Bezos）初次窺見電腦連起的全球資訊網迷宮，意識到零售的未來正對他散發光芒，也對趨勢變化產生了相同的感受……**貝佐斯看見了網路零售世界的完整未來樣貌**，他的亞馬遜網站如此優雅和吸引人，自亞馬遜的「第一天」起，任何人想在網路上販售任何商品，都以此網站為起點，此後所有人也都接連效法。

創一間傳遞信念的公司

亞馬遜的確在網路泡沫崩盤時受到重創。一九九九年十二月，我們出版那一期年度風雲人物的時候，亞馬遜的股價是每股一百零六美元。一個月後，股價下跌百分之四十。兩年內，股價低至每股僅剩六美元。記者和股票分析師嘲諷亞馬遜，取了「亞馬遜・完蛋」（Amazon.toast）和「亞馬遜・炸彈」（Amazon.bomb）的綽號。沒多久，貝佐斯在他撰寫的年度股東信中，以一個驚嘆詞破題：「哎！」

但是唐．羅根沒有看走眼。亞馬遜和貝佐斯有能力挺過泡沫破滅的危機。貝佐斯說：「我**看見股價從一百一十三掉到六美元**，我也關注到公司的各項內部指標：顧客人數、單位利潤。公司每一方面都在快速轉好，這是成本固定的事業，我可以從內部指標看出，到達某個數量就能抵銷固定成本，開始賺錢。」

貝佐斯的成功來自始終著眼於長期，為了成長放棄眼前利潤，在與競爭者交鋒甚至是與同事相處時能堅守原則，有時甚至是做到殘酷無情的地步。網路公司潰敗時，他和其他幾位網路創業家曾經在《NBC晚間新聞》（NBC Nightly News）接受湯姆．布羅考（Tom Brokaw）的訪問。布羅考問：「貝佐斯先生，你會拼『利潤』的英文嗎？」想要藉這句話來凸顯亞馬遜公司雖然在成長，卻大量流失金錢。貝佐斯回答：「當然會，P、R、O、P、H、E、T。」*後來，二〇一九年亞馬遜股價來到每股二千美元，公司收入來到二千三百三十億美元，在世界各地擁有六十四萬七千名員工。

我們可以從亞馬遜尊榮會員制（Amazon Prime）一窺貝佐斯的創新與經營方法——這套會員服務制度令美國人對網路能滿足購物的快速和便宜程度有了新的認識。亞馬遜的一位董事建議公司推出忠誠方案，類似於航空公司的飛行常客計畫。另外，有一位亞馬遜工程師建議公司為最忠誠的顧客提供免運服務。貝佐斯將兩個點子結合，請財務團隊評估成本效益。伴隨著招牌笑聲，貝佐斯說道：「結果很慘。」但貝佐斯遵守一項原則，在做重大決策時他會傾聽內心的聲音、順從直覺，同時評估實證資料。他說：「你要承擔風險，要發揮直覺，所有好的決策都要這樣。你要拿出謙卑的態度，和大家一起做決定。」

他知道創立亞馬遜尊榮會員制是他口中的「單向門」決策：決定不可逆。「我們出過錯，做出像Fire Phone這樣糟糕透頂的東西，還有很多失敗的案例。我不會逐一列舉我們的失敗實驗，但成千上萬次失敗實驗，才能淬鍊出非凡成就。」他知道剛開始會很可怕，因為搶先加入尊榮會員制的人，會是配送服務的重度需求者。他說：「當你提供免費的吃到飽自助餐，誰會最先出現來吃到飽？是大胃王。很可怕。你的感覺就像，天啊，我真的有說想吃幾隻蝦子都可以嗎？」可是最後，亞馬遜尊榮會員制成功結合了忠誠方案和顧客便利性，還因此收集到大量的顧客資料。

貝佐斯在因緣際會下的創新，最了不起的一件就是打造亞馬遜雲端運算服務（AWS）。最初構想來自公司內部，包含了軟體層「彈性雲端運算」（Elastic Compute Cloud）和代管運算「簡單儲存服務」（Simple Storage Service）。最後，各式各樣的相關概念連在一起成為一張備忘錄，上面寫著要打造一種服務，「讓開發者和公司企業得以運用網路服務，打造可擴展的

---

*譯注：Prophet的意思是先知，與利潤「profit」讀音相同。

精密應用程式」。

貝佐斯深知AWS的潛力，有時候激情會化為暴怒，推著團隊成員加快開發腳步和擴大規模，自iPhone應用程式商店問世以來，所有平台唯有AWS對網路創業的推升程度能與其並駕齊驅。受惠於此，住在宿舍裡的年輕學子或大街上的公司，不必購入一個又一個機架的伺服器、一套又一套的軟體，也都能試驗新點子和打造新服務——大型企業更是受惠良多。現在，AWS支持分散在全球各地的伺服器農場、隨選運算能力和應用程式，形成一套比世界上任何公司所能提供的基礎設施都更具規模、分布廣泛，企業及個人可用這套設施共享資源。

貝佐斯說：「我們徹底改變企業購買運算能力的方式。傳統上，如果你是一間需要資料運算的公司，你會打造一個資料中心，並在那間資料中心裡安裝伺服器，你得升級那些伺服器的運算系統，讓一切維持運作，諸如此類的事。但那些都無法替公司的業務加分，有點像入場費，每個人都要這麼費力。」他發現在亞馬遜內部，這種過程也妨礙許多想創新的人。亞馬遜的應用程式開發者總是無法和硬體團隊順利合作，但貝佐斯讓他們開發一些標準的應用程式介面和存取運算資源。他說：「我們一做出來就立刻明白，世界上每間公司都會想要這項產品。」

有一陣子奇蹟發生了：有幾年，沒有其他公司在這個領域和亞馬遜競爭。貝佐斯的眼光放得比所有人深遠多了。他說：「就我目前所知，商業史上從來沒有運氣這麼好的公司。」

有時候失敗和成功會一起找上門。亞馬遜Fire Phone的慘敗和Echo智慧音箱、居家助理裝置Alexa的成功就是這麼一回事。貝佐斯在二〇一七年股東信寫道：「雖然Fire Phone失敗了，但是我們可以從中學到一課（開發者也能從中學習），加速打造Echo音箱和Alexa。」

貝佐斯對Echo的熱情來自他對《星艦迷航記》的喜愛。小時候和朋友一起玩《星艦迷航記》電動遊戲的時候，貝佐斯喜歡扮演企業號星艦上的電腦。他寫下：「Echo和Alexa的藍圖，靈感來自《星艦迷航記》的電腦。這個點子也來自另兩個我們花多年時間打造和漫想（wandering）的場域：機器學習和雲端技術。從亞馬遜成立初期，機器學習就是商品推薦中不可或缺的一項環節，AWS則是給了我們接觸雲端技術的絕佳機會。經過多年研發，Echo終於在二〇一四年上市，Echo內的Alexa則存在於AWS雲端。」這項成果完美結合智慧音箱、《星艦迷航記》裡會聊天的家庭電腦，以及聰明的個人助理。

就某方面而言，亞馬遜Echo音箱的起源，和賈伯斯開發出蘋果iPod的過程很像。這是直覺的產物，不是參考焦點團體意見開發的產品，而且不去迎合某些明顯的顧客需求。「沒有顧客要求開發Echo音箱」，貝佐斯說：「市場調查沒有幫助。如果你在二〇一三年去找一名顧客，並且問他：『你會想要一個大小有如品客洋芋片罐的黑色柱狀機器，放在你的廚房裡，總是開著讓你可以對它講話、問問題，還能幫你開燈和放音樂嗎？』我向你保證，他們會用奇怪的眼神看著你說：『不了，謝謝。』」但結果既甜美又諷刺。貝佐斯展現能力，打造出這樣的居家裝置，將蘋果公司打得落花流水，其後這項裝置的要件——語音辨識和機器學習——更是贏過由Google以及後來的蘋果公司所推出的競品。

貝佐斯希望亞馬遜網路商店、尊榮會員制、Echo音箱、亞馬遜的顧客資料分析，可以結合亞馬遜在二〇一七年收購的全食超市雜貨零售鏈。貝佐斯說他會買下這間公司的理由，有一部分是欽佩創辦人約翰．麥基（John Mackey）的眼界。如果亞馬遜考慮收購一間公司，貝佐斯會在和那間公司的創辦人或執行長見面時判斷對方只是想要賺錢，還是真的有服務顧客的熱情。貝佐斯說：「我總是會先了解一樣最重要的事情：**對方是傳教士還是傭兵**？傭兵希望股價迅速翻揚。傳教士熱愛自家的產品或服務，並且熱愛他們的顧客，試著打造一流的服務。順帶一提，最矛盾的一點在於，傳教士賺的錢往往比較多。」貝佐斯認為麥基是傳教士，全食超市的信條充滿了他的熱情。「這是一間傳遞信念的公司，他是傳教士型的人。」

最重要的工作

除了亞馬遜，貝佐斯最熱中的就是他從小培養出來的對太空旅行的興趣。二〇〇〇年他保密到家，在西雅圖附近成立了「藍色起源」（Blue Origin，簡稱藍源）公司，意指人類起源於一顆淡藍色的星球。他請來最喜歡的科幻小說家尼爾．史蒂文森（Neal Stephenson）擔任顧問。兩人暢談各式各樣的小說構想，例如用類似皮鞭的裝置把物體送入外太空。最後貝佐斯聚焦於可重複使用的火箭。他問：「與一九六〇年相比，二〇〇〇年有何不同之處？你可以說引擎更進步，但仍然是化學火箭引擎，真正的差別在電腦感測器、攝影機、軟體。垂直降落的問題可透過這些科技解決，這是二〇〇〇年有、而一九六〇年沒有的科技。」

二〇〇三年三月，貝佐斯開始在德州一筆一筆買下一大片農場土地，用來祕密打造可重複使用的火箭。克里斯欽・達文波特（Christian Davenport）的著作《太空巨頭》（*The Space Barons*）裡有個驚心動魄的場景，描述貝佐斯搭乘直升機尋地，結果卻發生嚴重的墜機事件。

執筆寫貝佐斯傳記的新聞工作者布萊德・史東（Brad Stone）發現藍源時，寫電子郵件給貝佐斯請他發表意見。貝佐斯還沒有準備好談論此事，但他公開回應，反駁史東說他成立這間公司是認為美國政府運作的太空總署計畫過度規避風險、功能不彰。貝佐斯寫信給史東：「太空總署是國寶，說對太空總署失望真是胡說八道。我對太空感興趣只有一個原因，就是五歲時太空總署啟發了我。你覺得有多少政府單位能夠啟發一個五歲的孩子？太空總署在做技術要求超級高的工作，本身就存在風險，而且成績亮眼。任何一間小型的太空探索公司，能有機會成就『任何』事情，都是站在太空總署成果和智慧的肩膀上。」

貝佐斯用傳教士而非傭兵的方式探索外太空。他說：「這是我手上最重要的工作，我深信這間公司會成功。」地球是有限的，能源的使用量攀升極高，他認為我們這個小星球的資源很快就會耗盡。如此一來我們就得選擇：接受人類的成長停滯，或是探索並擴大到地球以外的地方。他說：「我希望我的孫子的孫子能夠擁有比我現在更多的人均能源使用量。而且我希望看到人類沒有人口上限。希望太陽系裡有一兆人口，有一千個愛因斯坦和一千個莫札特。」但他擔憂，一百年內地球會無法支持這樣的人口增長與能源使用量。「所以，會發生什麼情況？會出現停滯。我認為停滯與自由根本無法共融。」所以他相信，我們應該立刻開始思考如何開拓疆界。他說「我們可以解決問題」，方法就是降低前往外太空的成本，並且使用太空資源。

藍源側重透過可重複使用的發射載具和引擎，降低前往太空的成本。以美國第一個踏上太空的人「艾倫・雪帕德」（Alan Shepard）命名的「新雪帕德號」（New Shepard）火箭，是第一個垂直發射進入外太空，再垂直登陸返回地球的火箭，也是第一個重複利用的火箭。新雪帕德號在德州西部發射，一開始就設計成載人太空飛行器，藍源打算用這艘火箭搭載付費客人往返外太空，而且新雪帕德號已經在為大學、研究實驗室和太空總署載送實驗設備。藍源還有一個更大的軌道火箭，以第一位進入地球軌道的太空人約翰・葛倫（John Glenn）命名為「新葛倫號」（New Glenn），準備載商業客戶、太空總署客戶和國安人員前進外太空。二〇一九年，貝佐斯還宣布推出月球登陸器「藍月」（Blue Moon），從太空總署那裡爭取到一份約五億美元的系統開發合約，目的為帶人類重返月球。這項專案由藍源和洛克希德馬汀（Lockheed Martin）、諾斯洛普格魯門（Northrop Grumman）、德雷珀（Draper）等公司合作。另外，貝佐斯資助的一組考察隊成功修復了為阿波羅計畫的登月火箭農神五號（Saturn V rocket）提供動力的數個 F-1 引擎。

貝佐斯在二〇一三年買下《華盛頓郵報》，這是他另個熱中的事物。在報紙銷量下滑的時代，他為《華盛頓郵報》注入了現金、活力、科技能力和新的記者，同時給予優秀編輯人馬汀・巴倫（Martin Baron）不受限的主導權。貝佐斯說：「我不是想要經營報紙。我從來沒那樣想過，這不是什麼童年夢想。」但當時報社老闆唐納・葛蘭姆（Donald Graham）找上他，並在一連串的對談中說服他相信這是重要使命。於是貝佐斯深入探索自己的內心，一如以往，依靠直覺和分析來判斷問題。他說，他得出結論：「這是一間重要的機構；這是全世界最重要國家的首都出刊的報紙。《華盛頓郵報》在這個民主政體裡扮演至關重要的角色。」所以他告訴葛蘭姆他會買下報社，而且沒有議價。他說：「我沒有跟他談價錢，也沒有做盡職調查。我不需要對唐納這麼做。他把缺點攤開來講，也把所有好處告訴我，事後證明，他告訴我的每個財務上的優缺點都是真的。」

雖然貝佐斯讓《華盛頓郵報》更上層樓，報社財務狀況也好轉了，但收購《郵報》仍耗資不斐。川普總統不了解，也不在乎貝佐斯其實沒有編輯主導權，而且《華盛頓郵報》與亞馬遜毫不相干，才會濫用聯邦政府的權力去懲罰亞馬遜，拒絕履行亞馬遜雲端運算服務的合約。在我看來，荒腔走板。

貝佐斯並未將自己的政治理念和哲學加諸《華盛頓郵報》。在政治理念和哲學思想上，他抱持社會自由主義（他曾捐款支持同志婚姻合法化活動），以及強調個人自由的經濟觀點。當年父親從卡斯楚執掌下的古巴逃到美國，如今貝佐斯的態度與父親一脈相承。他說：「自由市場經濟與自由密不可分，資源分配恰到好處。」但他相信，自由市場的優點不僅來自效率，也來自於能使人崇尚道德。

想像在某個世界裡，某個超強人工智慧電腦可以做到的事，比分配資源的隱形之手還要厲害，它會說：「雞隻數量不該這麼多，應該要那麼多才對。」再多一點，或少一點。這個嘛，也許真能提升整體財富吧。在今天，如果我們放棄自由，財富可能更多一些。但是，我要問：這樣的交易划算嗎？我的答案是，不划算。我個人認為，那是很糟的交易。我認為美國夢，就是自由。

展閱本書，你將從貝佐斯的訪談、文字和他自一九九七年起親自撰寫的年度股東信獲益良多，還能得知許多祕密。以下是我認為最重要的五點：

1、**專注於長遠**。一九九七年貝佐斯首次撰寫股東信時，以斜體字強調標題「**一切都是為了長期**」（It's All About the Long Term）。他說：「我們將持續以長期市場領先地位為考量做投資決策，而非顧慮短期的獲利或華爾街反應。」專注於長遠能調和顧客利益（希望以更便宜的價格，取得更棒更快的服務）與股東利益（希望投資獲利），這在短期不一定辦得到。

除此之外，長期思維允許人們創新。他說：「我們喜歡發明和做新鮮事，我很清楚長期導向是創新的核心，因為你會在過程中面臨許多失敗。」

貝佐斯說，他對太空旅行的興趣，能提醒他專心將焦點放在遙遠的地平線。他有許多強項，其中一點就是能夠持續將目光放在遙遠的地平線上，一如他在亞馬遜的做法。貝佐斯在他的太空公司的使命宣言裡寫道：「藍源將一步一腳印，耐心追尋這項長期目標。」伊隆・馬斯克（Elon Musk）則每隔一陣子就會非常高調地推動他的太空計畫與眾較勁，但貝佐斯建議他的團隊成員：「要當烏龜，而不是當隻兔子。」藍源的企業徽章寫著拉丁文格言「Gradatim Ferociter」，意思是「步步為營，勇往直前」。

貝佐斯的諸多長處中，有一項就是能夠按照這句格言展現無比耐心，並以耐心灌注熱情。貝佐斯在位於德州的農場開始打造「由長遠看現在」萬年鐘。這個由未來主義信奉者丹尼・希里斯（Danny Hillis）設計的時鐘上，有一支每隔一百年才會前進一格的世紀指針，還有一隻每隔一千年才會出現一次的布穀鳥。他說：「這是一個特殊的時鐘，設計成為一種符號，象徵長遠思考。」

2、專心一意地將熱情投注在顧客身上。貝佐斯在一九九七年的股東信裡寫道：「為顧客著想。」每一封股東信都是為鞏固這句真言。接下來那一年他寫：「我們企圖打造全世界最以顧客為中心的公司。我們奉行一項原則，認為顧客是敏銳而有智慧的……永遠不能掉以輕心。我不斷提醒員工要懂得害怕，每一天醒來都要戒慎恐懼。不是怕我們的競爭對手，而是要對顧客心存畏懼。」

有一次，貝佐斯在阿斯彭研究所（Aspen Institute）與《浮華世界》（*Vanity Fair*）贊助舉辦的會議中接受我的訪談。他詳細解釋：「這間公司的核心價值是全心全意為顧客著想，與緊盯競爭者的概念相反。為顧客著想的優點在於顧客會帶你前進，因為顧客總是感到不滿足、總是想要更多。換句話說，如果緊盯競爭者，領導人看看四周，會發現大家都跑在後面，也許就會稍微放慢腳步。」

有個持續將焦點放在顧客身上的例子，就是他採取讓商品負面評價出現在亞馬遜網頁上的政策。有一名投資人曾經抱怨，指責貝佐斯忘了亞馬遜要賣出東西才會賺錢，負面評價將不利於銷售。貝佐斯說：「我讀到那封信的時候心想，我們不是靠賣東西賺錢，我們是靠幫助顧客做出購物決定來賺錢。」

有人批評亞馬遜壓榨供應商，逼迫供應商削減成本，沃爾瑪也遭此批評。但貝佐斯認為，想辦法替顧客「不斷降低價格」是亞馬遜的核心使命。最近這幾年，亞馬遜在大型顧客滿意度調查始終名列前茅。

3、**避免使用 PowerPoint 和投影片簡報**。賈伯斯也遵守這項原則。貝佐斯相信說故事的力量，所以他認為公司同事在說服別人接受點子時，必須要能寫出易於閱讀吸收的敘述性文句。他在最近一封股東信寫道：「在亞馬遜，我們不用 PowerPoint（或其他以投影片為主的方式）進行簡報。我們是要撰寫敘述性的六頁備忘錄。每場會議開始之前，我們會在類似自習室的地方安靜閱讀報告。」

這些備忘錄最多只能撰寫六頁，內容必須清晰有條理。貝佐斯相信（而且認為是正確的）這麼做能強迫人們用清晰的邏輯思考事情。六頁備忘錄通常是一群人寫出來的，但可以很有個人風格。有時候，備忘錄裡會納入新聞稿的草稿。他說：「就連撰寫六頁備忘錄也是團隊合作的例子。團隊成員中，必須有人具備撰寫報告的技能。」

4、**把心思放在重大決策上**。貝佐斯會問：「身為高階主管，你領薪水究竟要做什麼事？你領薪水是要做少數高品質決策。你的工作不是每天做上千個決定。」

他將必須做出的決策區分為可逆，以及不可逆的決定。若是不可逆，就得更加謹慎。在可逆的決定這方面，他試著讓決定過程分權。他在亞馬遜打造所謂的「多元許可管道」（multiple paths to yes）。他指出，在其他組織裡，提案可能會被許多不同層級的主管扼殺，想要獲得許可必須通過層層關卡。在亞馬遜，員工可以向上百位高階主管中的任何一位兜售點子。這些主管都有放行提案的權力。

5、**僱用適任的員工**。貝佐斯在一封較為早期的股東信裡寫道：「我們會持續專注於聘僱及留任多才多藝、有能力的員工。」亞馬遜員工的薪資結構有相當部分不是現金，而是股票選擇權，在早期這比例更高。「我們知道，能否吸引和留下一群動機強烈的員工，將深深影響我們會不會成功。每一位員工都要具備經營者的思維，因此必須實際成為經營者。」

貝佐斯要主管在招募員工時考量三個條件：你欣賞這個人嗎？這個人加入以後能拉高團隊的平均成效嗎？他有可能在哪方面一展長才？

在亞馬遜工作絕對不輕鬆。貝佐斯在面試求職者時警告他們：「你可以長時間、勤奮努力、聰明地工作，但在亞馬遜你不能只選擇其中兩項。」貝佐斯不為此致歉。他說：「我們正在努力打造重要事物，這對我們的顧客來說很重要，將來我們都可以向子孫傳誦。這些事物無法一蹴可幾，我們非常幸運能擁有這群敬業的員工，他們的犧牲和熱情造就了亞馬遜。」

這些經驗之談讓我想到賈伯斯經營公司的方式。有時候這種經營風格會打擊到員工的信心，對某些人來說可能很嚴厲，甚至到達殘酷的地步。但是這麼做也有可能創造出崇高、創新的事物和公司，進而改變我們的生活方式。

貝佐斯實現了這些願景。但他的人生故事還有許多章節等待發揮。他向來樂於助人，我猜測往後幾年他會在慈善事業上投入更多。一如比爾．蓋茲的父母引領蓋茲投身公益，在賈姬和麥可的身教下，貝佐斯也積極投入公益事業，例如為孩童提供良好的學前教育。

我也相信他至少還會做出一項創舉。我猜測他將會是第一批踏上太空的平民百姓——事實上，他渴望實現這個夢想。如同他在一九八二年高中時畢業班致詞中提到：「太空，最後的疆界，我們那裡見！」

儘管許多年來，貝佐斯將亞馬遜打造成一間令人敬畏的全球企業，但他沒有料到，二〇二〇年災難會有如雪崩般降臨。新冠肺炎（COVID-19）疫情肆虐，政府鼓勵民眾待在家裡，人們對網購配送的需求驟升，亞馬遜面臨到讓成千上萬名倉庫員工保持健康的嚴峻挑戰。貝佐斯說他投入所有的時間，心思完全「縈繞在新冠肺炎，以及亞馬遜如何盡己所能出一份力。」《紐約時報》報導，貝佐斯每天召開電話會議，協助經營團隊針對庫存和病毒檢測等議題下決定，與貝佐斯近幾年來將日常事務交棒給高階主管、只專心處理長期計畫的做法截然不同。後來，又遇到國會對科技公司施壓。七月二十九日貝佐斯與Facebook、Google、蘋果等其他公司的執行長，一起出席國會聽證會並在會中作證。貝佐斯在證言中敘述了美國面臨的問題：「……爆發了這場至關重要的種族爭議事件，我們也面臨氣候變遷和所得不均的挑戰，我們正步履蹣跚想辦法度過全球疫情危機。」接著話鋒一轉，秉持創業家的正向精神表示：「然而，縱使我們有種種過錯和問題，世界各國仍渴望能夠嚐上一小口美國擁有的靈丹妙藥……對美國而言，今天依然是第一天。」

Part 1

經營篇——給股東的信

01 在悠久的市場中建立長遠的事業

一九九七年致股東信

亞馬遜網站在一九九七年完成許多里程碑：歲末年終前，我們服務了超過一百五十萬名顧客，營收以百分之八百三十八的成長率，來到一億四千七百八十萬美元，並在激烈的市場競爭下拓展領先地位。

但這是網際網路的第一天，而且若我們執行得宜，也是亞馬遜的第一天。今天，線上商務替顧客省下金錢和寶貴時間；明天，電子商務將會透過個人化，加快探索新事物的過程。亞馬遜運用網路替顧客創造真正的價值，希望即使是在歷史悠久的大型市場裡，也能建立長久的事業。

我們擁有大好機會，舉足輕重的市場參與者正在部署探索網路商機的資源，對網路購物還很陌生的顧客樂於建立新的購物關係。競爭局勢正持續快速演進，許多大型參與者進軍網路，提供可靠的產品，並且投入大量心力和資源，吸引注意、形成流量及創造銷售業績。我們的目標是快速行動，鞏固並拓展目前地位，同時開始在其他領域探索網路商機。我們在亞馬遜鎖定的大型市場上看見大好機會。執行這項策略不是不需要冒風險：必須大量投資和拿出果斷執行力，才能與老字號事業龍頭抗衡。

全都是為長期發展設想

我們相信，成功的基礎在於長期為股東創造價值。這項價值將會來自於，我們在當前市場上拓展及鞏固領先地位的能力。我們的市場地位愈領先，我們的商業模式就愈有力。市場領先地位能夠直接轉換成高收益、高獲利、高資本效率，資金報酬也將更加強健。

我們的決策始終圍繞於此焦點。首先，以最能反映市場領先地位的指標來衡量我們的情況，包括顧客與營收成長、顧客繼續回頭找我們買東西的頻率，以及我們的品牌優勢。至今為止，我們投入大量資源並會持續積極投入，用以擴大及運用我們的顧客群、品牌和基礎設施，拓展為長久的事業。

由於我們著重長久之道，在決策及權衡取捨之間，或與其他公司不盡相同。因此，我們想要與各位分享，我們採取哪些基本管理方式和決策途徑，以利各位股東評估，做法是否與各位的投資哲學相符：

我們將繼續義無反顧地以顧客為重。

我們將繼續以長期市場領先為考量做投資決策，而非顧慮短期獲利或短期的華爾街反應。

我們將繼續分析、評估我們的計畫和投資效益，放棄收益未達水準的計畫，並在成效極佳的計畫加強投資。我們將繼續從成功與失敗中汲取經驗。

當我們看出，極有可能取得市場領先優勢時，我們會做出大膽的投資決策，不會膽怯畏縮。在這當中，有些決策會有回報，有些不會，無論如何我們都能從中再學到寶貴的一課。

若是不得不在一般公認會計原則（GAAP）下為了帳面數字好看，以及未來現金流現值最大化之間做選擇，我們會選擇現金流。

我們會在競爭壓力容許範圍內做大膽決策，並與股東分享決策思考流程，供各位自行評估，我們是否做出合理的長期領先投資決策。

我們會盡可能將錢花在刀口上，維持我們的精實文化。我們了解持續加強成本意識文化的重要性，尤其這門事業還處在淨虧損的狀態。

我們會在專心追求成長以及強調長期獲利與資本管理之間求取平衡。在目前這個階段，我們選擇以成長為重，因為我們相信，規模是商業模式能否發揮潛力的關鍵。

我們會持續專注於聘僱及留任多才多藝、有能力的員工，並且維持薪資結構偏重股票選擇權，而非現金。我們知道，能否吸引和留下一群動機強烈的員工，將深深影響我們會不會成功。

每一位員工都要具備經營者的思維，因此必須實際成為經營者。

我們不會膽大到聲稱前述是「正確的」投資哲學，但那是我們的理念，若對一貫和繼續採取的做法認識不清，就是我們怠忽職守。

我們要以此為基礎，接著回顧我們在一九九七年的經營焦點和計畫，以及我們對未來的展望。

全心全意為顧客著想

打從一開始，亞馬遜就將焦點放在為顧客提供深具吸引力的價值。我們認知到，至今網路都還是所謂的「全球等待網」（World Wide Wait），因此我們著手為顧客提供無法在其他管道取得的服務，開始販售書籍。我們為顧客提供比實體書店更多的書籍選項（亞馬遜商店的藏書換算成面積，有六座足球場大），採取實用、容易搜尋、便於瀏覽的展售形式，而且三百六十五天全年無休。我們堅持將焦點放在提升購物經驗，並在一九九七年大幅改進我們的商店。我們現在為顧客提供禮券、一鍵購買（1-ClickSM）服務，以及為數更可觀的評論、內容、瀏覽選項和建議功能。我們大幅降低價格，從而提高顧客價值。口碑依然是我們爭取新顧客的強大工具，非常感謝顧客對我們的信賴。回頭客加上口碑，使亞馬遜網站成為線上書籍銷售的市場領導者。

一九九七年，亞馬遜網站在許多方面大有斬獲：

銷售額從一九九六年的一千五百七十萬美元，來到一億四千七百八十萬美元——成長幅度達百分之八百三十八。

累積顧客會員數從十八萬，成長到一百五十一萬——成長幅度達百分之七百三十八。

回頭客的訂單比率，從一九九六年第四季的百分之四十六以上，來到一九九七年同期的百分之五十八以上。

在觸及率方面，根據Media Metrix網站統計，我們的網站從第九十名，提升到前二十名。

我們與許多重要的策略夥伴建立起長久的關係，包括美國線上（America Online）、雅虎（Yahoo!）、Excite、網景（Netscape）、地球村（GeoCities）、AltaVista、@Home和奇才公司（Prodigy）。

致力拓展基礎設施

在一九九七這一年，我們致力於拓展商業基礎設施，支援大幅增加的流量、銷售業績及服務水準：

亞馬遜網站的員工人數從一百五十八增加到六百一十四人，管理團隊也比以前更充實。物流中心的存貨空間從五萬平方英尺，擴大到二十八萬五千平方英尺，其中西雅圖倉庫的面積擴大了百分之七十，並在十一月於德拉瓦州啟用第二座物流中心。

我們的年末庫存書籍增加到二十多萬冊，能為顧客提供更多書籍種類。

我們在一九九七年五月首次公開募股，並取得七千五百萬美元的貸款，年末現金與投資餘額為一億二千五百萬美元，經營策略選擇上非常有彈性。

感謝員工成就亞馬遜

過去一年的成功要歸功一群能力十足、聰明且辛勤工作的員工團隊，我身為其中一份子深感自豪。不論過去抑或將來，在招募中樹立高標準都是帶領亞馬遜邁向成功，最重要的一項因素。

在亞馬遜工作並不容易，我在面試時告訴應試者：「你可以長時間、勤奮努力、聰明地工作，但在亞馬遜你不能只選擇其中兩項。」但我們正在努力打造重要事物，這對我們的顧客來說很重要，將來我們都可以向子孫傳誦。這些事物無法一蹴可幾，我們非常幸運能擁有這群敬業的員工，他們的犧牲和熱情造就了亞馬遜。

面向一九九八年的目標

我們仍在起步階段，學習如何以網路商務及商品銷售為顧客帶來新價值。我們的目標依然是繼續鞏固、拓展我們的品牌和顧客群。為達成目標，我們必須持續投資在系統和基礎設施，以利為顧客提供一流的便利性、選擇性和服務，並促進公司成長。我們正規畫將音樂納入銷售品項，相信可以陸續謹慎投資納入其他商品。我們也相信有很大的機會，可以提升海外顧客服務品質，例如：縮短配送時間、提供更完善的客製化購物經驗。可以確定我們面臨的挑戰之中，絕大部分並非尋找擴大生意的新方法，而是落在如何排定投資的優先順序。

現在，比起亞馬遜網站剛創立的時候，我們更加了解電子商務，但我們尚有許多待學習之處。儘管我們樂觀以對，仍然必須時時警惕和維持急迫感。要將我們對亞馬遜的長期願景化為現實，這件事面臨許多挑戰與障礙，包括：有野心、有能力、資金充沛的競爭者；嚴峻的成長挑戰與執行風險；商品與地域擴張的風險，以及為了趕上市場機會擴張而必須做出的大量長期投資。儘管如此，正如我們早就說過的，網路書店以及電子商務整體銷售生意，應該會是龐大的市場，許多公司應該都會大大獲益。我們對目前做法有信心，對未來目標更是非常期待。

一九九七年實在是非常棒的一年。亞馬遜誠摯感謝顧客的青睞與信任，也謝謝每一位同仁辛勤工作，謝謝股東的支持與鼓勵。

02 專心致志於顧客成功

一九九八年致股東信

過去三年半，非常振奮人心。亞馬遜在美國推出音樂、影片和禮品商店，在英國和德國開張，並在近期推出「亞馬遜拍賣」（Amazon.com Auctions），一共服務了六百二十萬名顧客，年營收運轉率（revenue run rate）在一九九八年末達到十億美元。

我們預估接下來三年半會更加精采。我們在打造一個地方，讓數千萬名顧客前來尋找和探索任何想在網路上購買的東西。此刻真正是網際網路的第一天，而且若商業計畫執行得宜，仍然是亞馬遜的第一天。在目前情勢下，各位可能難以想像，但我們認為擺在我們面前的機會與風險更勝以往。我們必須有意識地刻意做出許多抉擇，有些大膽選擇將與傳統背道而馳。希望其中有些會成功，但一定也有一些會是失敗的選擇。

重點回顧一九九八年

專心致志地服務顧客，幫助亞馬遜在一九九八年達成長足的進展：

銷售額從一九九七年的一億四千八百萬美元，成長到六億一千萬美元——成長幅度百分之三百一十三。

累積顧客會員數從一九九七年底的一百五十萬，增加到一九九八年底的六百二十萬——成長幅度超過百分之三百。

新客戶人數增長力道確實強勁，但亞馬遜網站的回頭客訂單比率從一九九七年第四季的百分之五十八以上，增加到一九九八年同期的百分之六十四以上。

我們首次大幅擴大商品線所推出的亞馬遜音樂商店，首度上線當季就穩坐網路音樂頂尖零售商的地位。

採用亞馬遜科技的英國和德國商店，十月以亞馬遜品牌名稱上線後，第四季銷售總額大約是第三季的四倍之多，使亞馬遜英國網站和亞馬遜德國網站在當地市場上，成為領先群倫的網路書店。

加入音樂商店後，我們又在十一月推出影片和禮品商店，在短短六個月之內，就成為線上影片零售業者的領頭羊。

一九九八年第四季，有百分之二十五的銷售額來自英國亞馬遜網站、德國亞馬遜網站，以及美國亞馬遜網站的音樂、影片和禮品銷售額。這些都是剛推出不久的事業。

我們以創新的一鍵購買、一鍵贈禮（Gift Click）、全站銷售排名、即時推薦，大幅提升顧客體驗。

不論是一九九八年的營收與顧客人數成長，以及要在一九九九年達成持續成長的目標，都仰賴擴大公司的基礎設施。以下列出幾項重點：

一九九八年，我們的員工人數從約莫六百人，增加到二千一百多人，管理團隊也比以前更充實。

我們在英國和德國設立物流與顧客服務中心，並在一九九九年初宣布，在內華達州芬利市租下一間高度商業化的物流中心，面積約為三十二萬三千平方英尺。這個新加入的生力軍，將使我們的整體配送能力提升不只一倍多，還將進一步縮短貨物運送到府的時間。

庫存從年初的九百萬件，增加到年底的三千萬件，顧客購買商品更為方便。而且能直接向製造商購買商品，也降低購買成本。

我們在一九九八年五月發行高收益債券，並在一九九九年初發行可轉換債券，目前的現金與投資餘額遠超過十五億美元（此為估算數字），使我們擁有可觀的財務實力與策略彈性。

我們很幸運能憑藉此商業模式帶來現金流，而且有利於資本效率，使我們從中獲益。我們無須建造實體商店，也無須在商店擺放庫存，我們採取的集中配送模式，能夠以三千萬美元的存貨，以及三千萬美元的廠房設備淨值，就創造出十億美元的銷售額。一九九八年，我們創造了三千一百萬美元的營運現金流，足以抵銷二千八百萬美元的固定資產淨增加額。

我們的顧客

亞馬遜企圖打造全世界最以顧客為中心的公司。我們奉行一項原則，認為顧客是敏銳而有智慧的，品牌形象反映的是真實情況。顧客告訴我們，他們選擇在亞馬遜網站上購物，並呼朋引伴前來亞馬遜，原因在於我們有各式各樣的商品、網站操作簡便、商品價格低廉、服務周到。

但我們永遠不能掉以輕心。我不斷提醒員工要懂得害怕，每一天醒來都要戒慎恐懼。不是怕我們的競爭對手，而是要對顧客心存畏懼。顧客造就我們的事業，我們與他們建立關係，對他們負有重責大任。我們要相信顧客是忠誠的，但忠誠度僅維持到，有其他公司推出更好的服務為止。

我們必須致力於在每一個行動中，持續進步、嘗試及創新。我們樂於擔任先鋒，這存在於亞馬遜的 DNA，也是很棒的事，因為開拓先鋒的精神是引領成功的要素。我們引以為傲於持續創新與堅持聚焦顧客體驗，並為此做出區隔。而且我們相信，我們在一九九八年的行動反映出此一區隔：亞馬遜的音樂、影片，以及英國和德國的網路商店，一如我們的美國網路書店，都是行業中的佼佼者。

努力工作、享受樂趣、創造歷史

在變化萬千的網路世界裡，少了傑出人才就不可能成功。努力創造一點歷史不會是一件容易的事，而後我們也在著手進行的過程中發現，的確如此！亞馬遜目前有二千一百位聰明、勤奮的團隊成員，他們將顧客放在心中第一位。不論過去或將來，在招募中樹立高標準，都是帶領亞馬遜邁向成功，最重要的一項因素。

我們在面試時，要求面試官在做出決定之前考量以下三點：

你欣賞這個人嗎？對方是否是你會在生活中欣賞的類型，他們可能是你可以學習或當作楷模的對象。就我個人而言，我向來盡可能只和我欣賞的人合作，我也鼓勵在這裡工作的人和我一樣拿出高標準。人生苦短，非如此不可。

這個人加入以後，能拉高團隊的平均成效嗎？我們想要對抗內在能量退化的熵，標準就必須愈拉愈高。我要大家揣摩公司五年後的樣子，到那時，每一個人都應該環顧四周，然後說：「現在用人標準真高，老天，幸好我之前就加入了！」

他有可能在哪方面一展長才？許多人擁有獨特的技能、興趣和觀點，能使我們大家的工作環境變得更豐富多元。這些特色甚至經常和員工本身的職務無關。亞馬遜有一名員工曾經拿過全美拼字大賽冠軍（我想應該是一九七八年）。我猜這對她的日常工作應該沒什麼幫助，但我們大家在這裡工作會很有趣，如果你在走廊上逮到她，可以來個快問快答——「擬聲詞」（onomatopoeia）的英文怎麼拼！？*

面向一九九九年的目標

放眼將來，我們相信電子商務整體商機非常可觀，而且一九九九年會是很重要的一年。雖然亞馬遜網站已穩居領先地位，但我們可以確定競爭態勢之遽，將更勝以往。我們計畫大舉投資，奠定能創造數十億營收的公司，以卓越的經營方式和高效率，服務數千萬名顧客。雖然像這樣預先投資很花錢，又存在許多內在風險，但我們相信，如此一來能為顧客提供最棒的整體體驗，並實際為投資人提供風險最低的長期價值創造途徑。

一九九九年計畫包含的要素，或許已在你的意料之中：

配送能力：我們要能在豐富的商品庫存中快速取貨，確實滿足顧客的購物需求，因此必須建造關鍵的基礎配送設施

系統能力：我們會擴大系統能力，使其配合公司的快速成長。系統團隊有一項重要任務：配合短期成長擴大系統、重新建構適合數十億元規模和數千萬名顧客的系統、針對新計畫和創新事物來建設新的功能與系統，同時提升營運的卓越程度和效率。在此同時，我們會讓這間營收十億、顧客八百萬的網路商店持續運作，二十四小時全年無休。

品牌承諾：相較於其他主要的實體零售商，亞馬遜網站仍然是一間年輕的小公司，我們一定要在此關鍵時刻，建立既廣且深的顧客關係。

擴大商品與服務內容：一九九九年，我們會繼續擴大現有商品及服務的範圍，同時提出新計畫。最近我們新推出亞馬遜拍賣，如果還沒試過這項新服務，建議你趕快跑去上（別慢慢走）www.amazon.com，點選上面的拍賣標籤，去試一試。亞馬遜網站的顧客不必另外註冊，就能出價和拍賣。如果是賣家，你可以接觸到亞馬遜網站上八百萬名經驗豐富的網路消費者。

人才儲備與作業流程：我們提供新商品與服務、擴大地域範圍、從事併購、加入商業模式

---

*譯注：答案「onomatopoeia」是一個容易拼錯的字。

新元素，大舉豐富了我們的經營範疇，因此有意投資於工作團隊、流程、溝通與人才發展實務。如何擴大規模，在這項計畫中，深具挑戰性和困難度。

過去這幾年，亞馬遜網站在許多方面有長足進步，但我們要學習和付諸行動的地方還很多。我們依舊抱持樂觀態度，但也知道必須時時警惕和維持急迫感。我們面臨到諸多挑戰及障礙，包括有野心、有能力、資金充沛的競爭者、公司擴張本身帶來的成長挑戰和執行風險，以及為了趕上市場機會擴張而必須做的大量長期投資。

這封信中最重要的一件事，已在去年的股東信詳細提過，也就是亞馬遜採取長遠的投資方式。由於今年有非常多新股東加入（我們去年大約印製一萬三千封股東信，今年印了二十多萬封），信末會附上去年的股東信，敬請閱讀標題為「全都是為長期發展設想」一節。你或許會想讀兩遍，以便確定亞馬遜是不是你想要投資的公司類型。如前封股東信所述，我們不會聲稱這是「正確的」投資哲學，但那是我們的理念！

再次誠摯地向我們的顧客與股東致上十二萬分謝意，並且感謝在這裡每天熱情工作的人，你們打造了一間舉足輕重、永續存在的公司。

03 每一個目標都是為了長久屹立

一九九九年致股東信

我們在前四年半的旅程達成許多了不起的成就：如今，我們在超過一百五十個國家，服務一千七百多萬名顧客，打造出領先全球的電子商務品牌與平台。

在接下來這幾年，我們期許亞馬遜能獲益於世界各地推行電子商務的趨勢，這是史上第一次，有數百萬名消費者加入網路購物的行列。隨著網路購物經驗持續改善，消費者的信任度會繼續提高，進一步吸引更多人上網購物。若我們在亞馬遜將自己的事情做對，就能占據先機，為這些新顧客提供最優質的服務，並因此受惠。

一九九九年重點回顧

一九九九年，我們堅持聚焦顧客的做法奏效了：

銷售額從一九九八年的六億一千萬美元，增加到十六億四千萬美元——成長幅度百分之一百六十九。

我們增加了一千零七十萬名新顧客，累積顧客會員數從六百二十萬增加到一千六百九十萬。

回頭客訂單比率從一九九八年第四季的百分之六十四以上，增加至一九九九年同期的百分之七十三以上。

現在世界各地的顧客從亞馬遜網站購入形形色色的商品。不過兩年前，亞馬遜網站上美國書籍事業在銷售額的占比還是百分之百；到今天，儘管美國書籍業務成長強勁，其他品項的銷售額占比已超過一半。一九九九年推出的重要計畫有：拍賣、zShops、玩具、消費性電子產品、房屋修繕、軟體、電動遊戲、支付服務，以及我們的無線商務計畫「亞馬遜行動商務」（Amazon Anywhere）。

亞馬遜依然是市場公認的最佳公司，經營範圍不僅涵蓋站穩腳步的事業（如書籍銷售），還包括了比較新的商店類別。只從亞馬遜玩具（Amazon Toys）來看，亞馬遜玩具獲得許多獎項的肯定，包括在新聞頻道MSNBC的調查中，評比為最佳網路玩具商店，在佛瑞斯特研究公司（Forrester Research）的評比，拿下網路玩具商店第一名，以及在消費者報告（Consumer Reports）的玩具類別網路評比獨占鰲頭。每一項都打敗許多經營更久的老字號。

海外銷售額占業績百分之二十二，共三億五千八百萬美元。我們在英國和德國增加音樂、拍賣、zShops。事實上，亞馬遜英國網站、亞馬遜德國網站以及亞馬遜網站，目前分居歐洲最受歡迎網路零售商的第一、第二及第三名。

我們在全世界的物流中心，不到十二個月的時間，就從大約三十萬平方英尺，擴大到超過五百萬平方英尺。

擴大基礎設施成為帶動銷售業績起飛的因素之一，這讓我們在聖誕假期及時完成百分之九十九以上的假期訂單出貨業務，僅短短三個月，營收就成長了百分之九十。就我們所知，沒有其他銷售額超過十億美元的公司，能在三個月內營收成長百分之九十。

我為亞馬遜的每一個人感到非常驕傲，大家努力不懈地創造符合亞馬遜等級的一流顧客體驗，同時交出如此漂亮的成長率。假如有股東想要感謝這些在世界各地工作的亞馬遜人，歡迎各位將電子郵件寄到jeff@amazon.com。我會在優秀職員的協助下彙整信件，轉發給全公司。我知道員工收到信會很開心。（對我而言，附帶好處是知道有誰真的讀了股東信！）

一九九九年，我們持續從本身即具資本效率的商業模式獲益。我們不需要建造實體商店，也不需要在商店擺放庫存，我們採取的集中配送模式，讓亞馬遜能夠只需二億二千萬美元的存貨和三億一千八百萬的固定資產，就打造年銷售額超過二十億美元的事業。這五年累積下來，只花六千二百萬美元的營運現金。

股東擁有什麼？

最近，在史丹佛大學校園舉辦的一場活動中，有一位年輕女士拿起麥克風，向我提了一個很棒的問題：「我有一百股亞馬遜的股票，我擁有什麼？」

我很驚訝以前竟然沒有聽人這麼問過，至少沒有人問得如此直接。股東擁有什麼？你擁有這間傑出電子商務平台的一部分。

亞馬遜網站平台包含品牌、顧客、科技、配送能力、深奧的電子商務專業知識，以及一支對於創新抱持熱情、對於為顧客提供優質服務抱持熱忱的優秀團隊。我們在二〇〇〇年之始擁有一千七百萬名顧客、最佳電子商務軟體系統，以及專門的配送與顧客服務基礎設施，並以聚焦顧客聞名。我們相信「關鍵轉折點」已經到來，藉由這個平台，能用比其他公司更優質的顧客體驗、更少的邊際成本、更高的成功機率、更快的擴張與獲利途徑，更快推出新的電子商務事業。

我們的願景是利用這個平台，打造全球最以顧客為中心的公司，讓顧客可以來這裡尋找和探索任何一件他們可能會想在網路上購買的東西。我們不會閉門造車，而是會與數千個規模有大有小的夥伴合作。我們會傾聽顧客的意見，替他們發明新事物，並且為了每一名顧客打造個人化的商店，同時努力繼續爭取他們的信任。各位應該能看出，這個平台提供了非比尋常的龐大商機，如果我們能善加利用，對顧客與股東而言都應該很有價值。縱使面臨許多風險與錯綜複雜的狀況，我們鐵了心堅持下去。

面向二〇〇〇年的目標

二〇〇〇年，亞馬遜網站有六項主要目標：（1）提升顧客數並且鞏固與每一位顧客的關係；（2）持續快速拓展商品與服務；（3）在經營的各面向追求卓越；（4）海外拓展；（5）擴大合作；最後，非常重要的一點，（6）在我們運作的每一項領域提高獲利。以下花點時間來說明這幾項目標。

提升顧客人數及鞏固顧客關係：我們會繼續大舉投資開拓新顧客。儘管過去五年進展飛快，有時令人難以想像，但至今仍是電子商務的第一天，電子商務依然處在早期的塑形階段，許多顧客剛開始與電商平台建立關係。我們要努力讓更多顧客來這裡購物，讓他們購入更多商品，拉高購物的頻率，並且提高購物的滿意度。

拓展商品與服務：我們正在打造一個地方，讓顧客隨時隨地都能在這裡尋找和探索任何想要購買的東西。每次推出新的商品和服務，就能更深入貼近廣大的顧客群，提高他們前來造訪商店的頻率。因此，擴大品項可為整個商業模式創造一個好的循環。顧客造訪商店的頻率愈高，我們就能用愈少的時間、精力、行銷投資成本，讓顧客再次前來購物。讓顧客對我們心心念念。

此外，在商品與服務拓展之際，每間新商店都會有一組專責團隊，致力使其成為同業首選。每一間新商店都會開啟一個新機會，向顧客展現亞馬遜聚焦在他們身上。最後，在每一項新商品與服務上，擴大發揮我們在配送、顧客服務、科技和品牌方面的投資，並且放大收益。

卓越經營：對我們來說，卓越經營意指兩件事：提供不斷改善的顧客體驗，並在各項事業領域提高生產力、利潤、效率和資產周轉率。

這些目標往往一環扣著一環，彼此相輔相成。舉例來說，提高配送效率能加快出貨時間，進而降低每筆訂單接洽次數與顧客服務成本。這麼做可提升購物體驗，有助於建立品牌。招徠和留住顧客的成本也會降低。

二〇〇〇年，亞馬遜全公司積極在各項事業領域推動卓越經營。世界一流的顧客體驗與經營方式，將使我們成長速度加快，服務水準更上層樓。

海外拓展：我們認為在零售購物經驗上，非美國顧客所應享受到的服務水準，與美國本土顧客相比差了一大截，而且亞馬遜擁有平台，非常有機會成為一流的全球零售商。我們已經在全世界建立舉足輕重的品牌、創下可觀的銷售額，也有很高的顧客參與度，近五年內，我們將商品運送到一百五十多個國家。我很高興能向各位報告，我們的英國和德國商店一起步就有好的開始：已是前十大網站，並在自己的國家拿下電子商務網站第一名。全世界的亞馬遜顧客與股東可以期待，我們將在接下來這一年，從這個基礎出發，進一步拓展到其他地區。

擴大合作：我們可以透過平台為合作夥伴（例如：藥局網站 drugstore.com）創造驚人的價值。事實上，我們的經驗顯示目前為止，對合作夥伴來說，亞馬遜很有可能是效率與效益最高的事業建立管道。對亞馬遜來說，合作在諸多方面都極為有利，我們可因此做到聚焦顧客與成本效益，同時快速拓展商店規模。有一點值得強調：我們在挑選夥伴時最重視一項條件，就是合作對象的顧客體驗品質，我們不會與無法像我們這樣對服務顧客抱持熱情的公司合作。

我們偏好這樣的合作關係，因為顧客和我們合作的對象都會感到滿意，我們可以獲得可觀的利潤，讓股東也感到滿意，開創雙贏。

在我們運作的每一個領域提高獲利：我在前面提到的每一項目標都是為了要支持我們的長久願景——建立一個最優秀、利潤最大、資本報酬最高，又能長久屹立的事業。因此就某方面來說，提高獲利能力是總目標的共同基礎。在接下來這一年，我們會針對供應商合夥關係、亞馬遜的生產力與效率、固定資產與營運資金管理、商品組合與價格管理的專業能力等，做到持續改善，期望能大幅提高利潤與成本槓桿。

今年陸續推出的每一項商品與服務，都要以我們的平台為基礎，達到緩和投資曲線的目的，在整體上，持續縮短各項事業的獲利時間。

全都是為長期發展設想

我要在股東信結尾，請各位思考最重要的一點：現在的網路購物經驗，在未來會是最糟糕的經驗。今天吸引一千七百萬名顧客是很棒的事情了，但我們會做到更了不起的事。網路頻寬加大會提升頁面瀏覽速度，並使網頁內容更加豐富。網路技術進一步提升，將讓人們能夠「隨時存取」網路內容（我預料，相較於辦公室網購，在家網購的人數將會攀升），我們將會看見，非電腦裝置和無線存取的應用大幅成長。除此之外，我們很高興能參與價值數兆美元的全球市場。我們在這之中，非常、非常渺小。亞馬遜何其幸運，掌握住一個不受市場大小局限的商機，而且我們運用的基礎技術日新月異，這是非比尋常的機會。

亞馬遜一如以往，始終感謝我們的顧客選擇來此購物並信賴我們，也謝謝每位同仁辛勤工作，感謝股東的支持與鼓勵，在此致上十二萬分的謝意。

04 長遠才能秤出企業的真實重量

二〇〇〇年致股東信

哎！對許多資本市場參與者而言，這是殘酷的一年，對亞馬遜的股東來說更是如此。在我提筆寫信的這一刻，我們的股票價格比去年寫股東信時跌了不只百分之八十。儘管如此，不管從哪一方面來看，亞馬遜公司都可說，比過往任何時刻都還要穩健。

二〇〇〇年我們服務二千萬名顧客，比一九九九年的一千四百萬名顧客人數更多。

二〇〇〇年銷售額增加到二十七億六千萬美元，高於一九九九年的十六億四千萬美元。

預估營運虧損在二〇〇〇年第四季下降到銷售額的百分之六，低於一九九九年第四季的百分之二十六。

在美國的預估營運虧損於二〇〇〇年第四季下降到銷售額的百分之二，低於一九九九年第四季的百分之二十四。

二〇〇〇年顧客每人平均花費提升百分之十九，為一百三十四美元。

二〇〇〇年毛利增加至六億五千六百萬美元，高於一九九九年的二億九千一百萬美元，成長百分之一百二十五。

二〇〇〇年第四季，美國消費者中有近百分之三十六，從我們的非書籍、音樂、影片商店（非BMV商店），購買像是電子商品、工具和廚房用具等商品。

二〇〇〇年全球銷售額增加到三億八千一百萬美元，高於一九九九年的一億六千八百萬美元。

二〇〇〇年第四季，我們幫助合作夥伴Toysrus.com賣出超過一億二千五百萬美元的玩具和電動遊戲。

多虧在二〇〇〇年初發行歐元可轉換公司債，二〇〇〇年底，我們持有十一億美元的現金及有價證券，多過一九九九年底的七億零六百萬美元。

最重要的一點，我們在美國顧客滿意度指數（American Customer Satisfaction Index）拿下八十四分，反映出我們全心聚焦顧客的做法奏效。據說，這是有史以來所有產業中，從事服務的公司拿過的最高分。

那麼，既然這間公司目前擁有的條件比去年好，為何股價卻比一年前低這麼多？知名投資人班傑明・葛拉漢（Benjamin Graham）曾說：「**短期來看，股市是投票機，而在長期，股市是一只秤子。**」顯然一九九九年的榮景是許多人投票的結果，掂量股票的人少得多。我們是一間希望掂出真實份量的公司，隨著時間繼續推移，這個目標會實現的——所有公司的真實份量，都會在長期秤出來。在此同時，我們會全力以赴，打造一間份量與日俱增的公司。

許多股東聽我談過，不論過去，抑或將來，亞馬遜公司都會「大膽下注」。這些大膽的賭注，有些是投資數位與無線技術，有些是決定投資小型電商公司——包括 living.com 和 Pets.com，但這兩間公司都在二〇〇〇年倒閉了，而我們是大股東，所以損失不少錢。

當初決定投資，理由在於我們知道不可能憑一己之力快速打入特定市場領域，那時我們深切相信，在網路新領域進行「拓荒搶地盤」的比喻。一九九四年之後，有好幾年的時間，堅信「拓荒搶地盤」對我們的決策一直都很有幫助。但我們現在認為，其效用在過去幾年已大幅消失。過去幾年，我們嚴重低估了打進這些市場所需要的時間，也低估了單一領域的電商，要達到足以成功的規模有多困難。

網路銷售（相較於傳統的零售生意）是講究規模的事業，特色為必須投入大量固定成本，而變動成本則相對較低，因此中型電子商務公司很難成功。如果長期為 Pets.com 和 living.com 挹注充足的資金，這兩間公司應該能累積到足夠的顧客人數，來達到成功所需的規模。但是資本市場關上了網路公司的募資大門，導致兩間公司不得不關門大吉。雖然很痛苦，但採取反向策略——拿我們的資金繼續投入這些公司，好讓他們能夠維持下去，會是更大的錯誤。

放眼未來：實體世界的房地產不適用摩爾定律

我們來談一談未來。你為何應該要對電子商務和亞馬遜網站的未來抱持樂觀看法？往後幾年，若想見到產業成長和新顧客加入，就必須不斷提升顧客的網路購物經驗。顧客體驗的提升來自於創新，而創新的實現，必須仰賴頻寬、磁碟儲存空間和處理能力大幅提升——這些創新技術的成本都在快速降低。

處理能力的性價比大約每十八個月會上升一倍（摩爾定律），儲存空間的性價比大約每十二個月上升一倍，頻寬的性價比則是大約九個月上升一倍。從頻寬的性價比上升速度來看，從現在起，往後推算五年，每位亞馬遜顧客的平均頻寬成本不變之下，可以使用的頻寬量將會是現在的六十倍之多。同樣的道理，儲存空間和處理能力的性價比提高，將能讓我們的網站在即時個人化方面做得更深入、更棒。

實體世界的零售商會繼續用科技來降低成本，但是他們無法改變顧客體驗。我們也會用科技來降低成本，但是顯著效果會出現在，運用科技吸引顧客加入和推動營收。我們仍然相信，大約百分之十五的零售生意最終會轉入網路。

儘管世事難料，我們也還有許多待改進之處，但是今日的亞馬遜網站是一項獨特的資產。我們擁有品牌、顧客關係、科技、基礎物流設施、財務實力、人才，並決心在這個新興產業拓展領先地位，打造一間舉足輕重、永續存在的公司。我們的方法就是繼續以顧客為重。

二〇〇一年會在我們的發展過程成為重要的一年。如同二〇〇〇年，這一年我們依然會專心聚焦和努力執行。首先，我們已經設定要在第四季達成預估營業利益的目標。雖然我們有非常多事情要做，而且沒有人能保證結果如何，但是我們有達成目標的計畫。這是我們的首要任務，舉凡公司上下，每一個人都努力推動這項目標。期待在明年向各位報告我們的進度。

亞馬遜始終感謝我們的顧客選擇來此購物並信賴我們，也謝謝每位同仁辛勤工作，感謝股東的支持與鼓勵，在此致上十二萬分的謝意。

05 顧客是最有價值的資產

二〇〇一年致股東信

去年七月，亞馬遜來到重要的中繼站。經過四年全心全意聚焦於成長，然後以兩年的時間幾乎只想著如何降低成本，我們終於能夠在成長與降低成本之間取得平衡，同時針對兩項目標，配置我們的資源並部署人力落實計畫。我們在七月大幅降價，將售價二十美元以上的書籍以定價的七折為售價賣出，標誌了這項轉變。

取得平衡後，在第四季開始得到回饋，我們不僅大幅超越我們設定的預估淨收益目標，並且再次加快了銷售業績的成長速度。我們在一月再次降價，推出新的運費方式，只要（全年）訂單超過九十九美元，就能享受免運服務。致力於降低成本，讓我們有辦法提供更低廉的價格，進而帶動成長。成長讓我們能將固定成本攤在更多銷售額上面，降低單位成本，讓我們更有能力降低價格。顧客樂見其成，對股東也有好處。我們將複製這個循環，敬請期待。

先前提過，我們在第四季超越了先前設定的五千九百萬美元預估營業利益目標，以及三千五百萬美元的預估淨收益目標。全世界有數千名亞馬遜員工，為了達成這個目標而努力工作，他們以此成就為榮，當之無愧。在大放異彩的這一年，還有許多其他的重點：

銷售額成長百分之十三，從二〇〇〇年的二十七億六千萬美元，來到二〇〇一年的三十一億二千萬美元。我們在第四季首度達成單季十億美元的銷售額，再創佳績，而且與去年同期相較成長百分之二十三。

二〇〇一年我們服務了二千五百萬名會員，高於二〇〇〇年的二千萬人，以及一九九九年的一千四百萬人。

二〇〇一年全球銷售額成長百分之七十四，有超過四分之一的銷售額來自海外。我們最大的國際市場——英國和德國——整體預估營業利益在第四季首度出現獲利。進軍日本市場僅一年，年營收運轉率即在第四季成長到達一億美元。

成千上萬小型業者和個人，直接透過我們的高流量商品資訊頁面，向我們的顧客販售全新或二手商品，並賺取收益。亞馬遜市集（Marketplace）的訂單在第四季成長到占美國訂單的百分之十五，遠遠超過我們在二〇〇〇年十一月推出亞馬遜市集時的預期。

庫存周轉率從二〇〇〇年的十二次，上升到二〇〇一年的十六次。

最重要的是，我們堅持繼續聚焦顧客，因此在公信力極高的密西根大學美國顧客滿意度指數中，連續兩年以八十四分奪冠。據說這是有史以來最高的分數——不僅是零售商中最高分數，也是服務業的最佳成績。

我們會堅持下去：專心致志於顧客成功

七月以前，亞馬遜以顧客體驗的兩大支柱為依歸：多元選項、便利性。如我所說，我們在七月加入了顧客體驗的第三項支柱：堅持降低價格。請別忘了，我們仍然會全力符合前兩項支柱。

我們的電子用品商店現在有超過四萬五千種商品（大約是你在倉儲式電子用品量販店可以找到的商品的七倍），我們的廚房用品增加到三倍之多（你可以找到各種最棒的品牌），我們推出了電腦與雜誌訂閱商店，並與塔吉特百貨（Target）、電路城（Circuit City）等策略夥伴合作，擴大商品選項。

我們推出即時訂單更新（Instant Order Update）等提升購物便利性的功能，它會在你即將第二次買進相同商品的時候提醒你（忙碌的顧客會忘記自己已經買過了！）。

我們大幅增進顧客的自助服務能力。顧客現在可以輕易地查詢、取消或修改他們的訂單。你只要登入並通過網站認證，就能查詢訂單，定期搜尋訂單內的任何一項商品。進入商品介紹頁面後，會看見網頁頂端有一個前往訂單的連結。

我們開發出新功能「線上試閱」（Look Inside the Book）。顧客可以看見高解析度的大張圖片，不僅包含書籍封面，還有封底、索引、目次，以及合理的內頁範例，先線上試閱再決定是否購買。我們販售的數百萬冊書籍裡，有二十萬冊可供線上試閱（相較之下，傳統書籍量販店能提供的書籍大約是十萬冊）。

最後一個例子，我們為了提升便利性和顧客體驗的其中一項重要措施，正巧也能大力推動變動成本生產力：從根本消除失誤和錯誤。自亞馬遜創立，我們在除錯方面一年比一年更有成效，而今年是我們做得最好的一年。消除錯誤的根源能替我們省下金錢，並為顧客節省時間。顧客是我們最有價值的資產，我們將發揮創新精神、努力工作，使這項資產日益茁壯。

投資架構

我們在每一封年度股東信（包括這一封），附上一份最初於一九九七年寫給股東的信函，幫助投資人判斷亞馬遜是不是適合自己的投資標的，同時也幫助我們檢視自己是否依然堅守我們最初的目標與價值。我想我們有做到這點。

在那封一九九七年的股東信裡，我們寫道：「若是不得不在一般公認會計原則下為了帳面數字好看，以及未來現金流現值最大化之間做選擇，我們選擇現金流。」

為何要聚焦於現金流？因為擁有一間公司的股份，等於擁有這間公司一部分的未來現金流，因此，現金流應該比其他任何變數，更能反映一間公司的長期股價。

如果你能確實掌握住兩件事情——一間公司的未來現金流，以及未來股票發行量——你就會很清楚這間公司目前的股票應該落在什麼價格才合理。（你還需要知道股票的適當折現率，但**如果你很清楚未來現金流，就應知道該取多少當折現率。**）要完全掌握股價並不容易，但你可以檢視公司的過去績效，以及槓桿點和擴充能力等商業模式要素，就能在資訊充分的情況下，進而預測未來現金流。至於估算未來的在外流通股數，你要推估公司會發多少股票選擇權給員工，或其他潛在的資本交易，考量這類影響因素。最後，你會算出公司的每股現金流，你可以運用這項強力指標，來判斷你願意花多少錢去持有某間公司的股份。

我們預估，即便亞馬遜大幅衝高銷售品項數量，固定成本多半能維持不變，因此我們相信，亞馬遜即將在接下來這幾年，持續創造有意義的自由現金流。這從我們二〇〇二年的目標可見一斑。正如年初一月時我們針對第四季財報提過，亞馬遜預計在今年達成正向的營運現金流，進而帶來自由現金流，兩者的差別是約為七千五百萬美元的計畫資本支出。我們的近十二個月預估淨收入走勢，應該大致符合近十二個月現金流走勢，雖然兩者不會完全一樣。

限制股數的做法，能使每股現金流提高，持有股票的長期價值也比較高。我們的當前目標是在，接下來五年，將員工股票選擇權的淨稀釋效果（取消選擇權配發淨額，grants net of cancellations）鎖定在每年平均百分之三，但以特定年份來說，數值可能會上下浮動。

堅守長期股東價值

如我先前多次談及，我們堅信，股東的長期利益與顧客利益密不可分：如果我們把事情做對，今天的顧客就會在明天購買更多東西，我們會在這個過程當中累積更多顧客，最後創造出更多現金流，並為股東創造更高的長期價值。為了達成這個目的，在戮力拓展電子商務領先地位的過程中，我們採取能為顧客謀求利益的方式，也為投資人謀求利益——兩者本為相生，得一而得二。

隨著二〇〇二年即將展開，我很高興向各位報告，我對這門事業的熱情一如既往。在我們的面前，還有更多創新事物等著我們，更勝於我們過往的創造。我們即將證明，我們的商業模式能發揮營運槓桿效益，而且我有幸能和世界各地的傑出亞馬遜人一起努力，對此心存感激。感謝各位，我們的股東，謝謝你的支持、鼓勵，也謝謝你在這趟冒險之旅加入我們的行列。如果你是我們的顧客，請再次收下我們的謝意！

06 為顧客謀利益，股東就得利

二〇〇二年致股東信

亞馬遜網站在許多方面不是一間尋常的商店。我們不受貨架空間限制，商品種類豐富多元。年庫存周轉率為十九次。我們為每一位顧客打造個人化的商店。我們放棄實體世界的房地產，追求科技（成本逐年下降，能力逐年提升）。我們會顯示對商品感到不滿的評論。只要花個幾秒鐘，按一個按鍵，你就能購買商品。我們將二手商品擺在新品旁邊，供你選擇。我們與第三方賣家共享我們最重要的不動產——商品資訊頁面。倘若第三方賣家提供的價值較高，我們樂觀其成。

我們有一項非常振奮人心的特色，令許多人大惑不解。大家知道，我們下定決心提供世界一流的顧客體驗，並且盡可能提供最低廉的價格，但在某些人的心目中，這個雙重目標即便不是全然的狂想，也似乎互相矛盾。傳統商店始終不得不在以下兩者之間選擇，要嘛提供高度人性化的接觸式（high-touch）顧客體驗，要嘛盡可能壓低價格。亞馬遜網站何以能力圖兩者兼顧？

答案是，我們將許多顧客體驗，例如不符合的商品、額外的商品資訊、個人化的建議、其他新的軟體功能，大幅轉換成固定費用。在顧客體驗成本大多固定的情況下（這比較不像零售商業模式，而像出版商業模式），成本在銷售額中的占比，會因為營業規模擴大而快速下降。除此之外，那些還是會變動的顧客體驗成本，例如物流成本當中會變動的部分，會因為缺點減少而在商業模式中降低。消弭缺點能降低成本，帶來更棒的顧客體驗。

我相信，我們降低價格和同時提升顧客體驗的能力不容小覷，過去這一年證明了這是有效的策略。

首先，我們的確持續提升顧客體驗。今年的聖誕假期就是一個好例子。除了出貨給顧客的商品數量創下紀錄之外，我們也為顧客提供有史以來最棒的購物經驗。我們的物流中心處理訂單的周期時間，與去年相較進步了百分之十七。我們最敏感的顧客滿意度指標「每筆訂單聯繫次數」，表現提升了百分之十三。

我們就現有商品類別，努力增加選項。美國的電子產品，光是前一年，選項就增加了百分之四十以上。現在我們提供的商品選項，是傳統倉儲式電子用品量販店的十倍。就連我們經營了八年的美國書籍市場，品項也多了百分之十五，主要是缺貨和絕版書籍。另外，我們當然也開發了新的類別。我們的服裝與配件商店裡，擁有超過五百個一流的服飾品牌，在開張的頭六十天，顧客購買了十五萬三千件上衣、十萬零六千件褲子，以及三萬一千件內褲。

今年，亞馬遜在最權威的顧客滿意度調查——美國顧客滿意度指數——中拿下八十八分，創下有史以來最高分的紀錄，不僅是網路商店、零售業的最高分，也是整個服務業拿過最高的分數。引述美國顧客滿意度指數的說法：「亞馬遜網站持續在顧客滿意度表現亮眼。他們以八十八分（進步百分之五），創下服務業無人聽聞的高滿意度……亞馬遜的顧客滿意度有可能更上層樓嗎？最新的美國顧客滿意度指數資料顯示，確實有這個可能性。亞馬遜提供的服務與價值主張都急遽增長。」

其次，除了聚焦於顧客體驗，我們也大幅降低價格。從書籍到電子產品，我們降低各式各樣商品類別的價格，而且我們推出一年三百六十五天，只要訂單金額超過二十五美元即可享受的「超省錢免運費服務」（Free Super Saver Shipping）。我們在經營生意的每個國家都推出了類似的活動。

我們的降價不是針對少數商品推出限時折扣活動，而是要廣泛適用所有產品類別，日日提供低廉價格。最近，我們與某間知名的大型連鎖書籍量販店比價，來證明我們的確做到了。我們沒有刻意挑選想要比較的書籍類別，而是採用對方在二〇〇二年公布的百大暢銷書榜，當作比較對象。這份清單上的書籍具有代表性，能說明人們最常購買的書籍是什麼，包含四十五本精裝書、五十五本平裝書，橫跨各式各樣的類別，有文學、愛情小說、神祕與驚悚書籍、非小說類書籍、童書和工具書等。

我們實地造訪對方位於西雅圖和紐約市的書籍量販店，查出這一百本書籍的價格。我們在四間量販店裡花了六小時，找出清單上的一百本書籍。經過種種努力，我們發現：

在對方的書店裡，這一百本暢銷書要價一千五百六十一美元；而在亞馬遜，相同的書籍只要一千一百九十五美元，總共可以省下三百六十六美元，相當於百分之二十三。

這一百本書籍當中，有七十二本，我們的售價比較低。有二十五本，我們的售價和量販店一樣。有三本，量販店的售價比較優惠（後來我們將這三本書的價格大幅降低）。

在這些實體量販店，一百本暢銷書裡只有十五本推出折扣價——其他八十五本依照定價出售。在亞馬遜，一百本暢銷書裡有七十六本推出折扣價，有二十四本依照定價出售。

你一定會找到在實體店面購物的理由——例如你馬上就需要一樣東西的時候——但是，這麼做就要支付溢價。如果你想要省錢省時間，到亞馬遜網站購物會比較好。

第三點，我們堅持提供低廉的價格與優質的顧客體驗，這麼做正在為我們創造財務成效。今年我們的淨銷售額增加百分之二十六，創下三十九億美元的業績，銷售量增加百分之三十四，增長速度更快。我們最重要的財務指標「自由現金流」，則是來到一億三千五百萬美元，在過去這一年，增加了三億零五百萬美元。*

簡而言之，股東與顧客利益均沾。

今年我一樣附上最初於一九九七年寫給股東的信函，希望我們目前的股東和未來可能成為股東的人士能讀一讀這封信。以亞馬遜的大幅成長和網際網路的長足發展來看，我們依然堅持以相同的基本方針經營公司，格外了不起。

*二〇〇二年擁有一億三千五百萬美元的自由現金流，計算方式為營運活動產生的一億七千四百萬美元，減去購買固定資產的三千九百萬美元後，所得到的淨現金。二〇〇一年擁有負一億七千萬美元的自由現金流，計算方式為營運活動使用的一億二千萬美元，再減去購買固定資產的五千萬美元，所得到的淨現金。

07 長期思維是真正負責經營的成果

二〇〇三年致股東信

長期思維，是真正負責經營的真實成果，也是負責經營的必要條件。

屋主與房客不一樣。我認識一對夫妻，他們將房子租給一家人，那家人貪圖一時方便沒有使用放聖誕樹的底座，而是直接將聖誕樹釘在硬木地板上，真是糟糕的租客。沒有任何一個房東會採取如此短視近利的做法，許多投資人也像短視近利的租客，一下子就改變自己的投資組合，這短暫「擁有」股票的做法，只不過是租下這些股票而已。

亞馬遜在一九九七年公開上市，在第一封股東信裡，我向股東強調亞馬遜抱持長期思維，因為長期思維著實引導出許多具體的決策，而不是抽象的概念。接下來我想在顧客體驗的範疇，討論幾項具體決策。

在亞馬遜，我們廣泛運用顧客體驗這個說法，它包含與顧客直接接觸的每一個經營面向——從商品價格到豐富選項，從網站的使用者介面到包裝和出貨方式，無不涉及顧客體驗。目前為止，我們創造出來的顧客體驗，是推動業務最重要的一項因素。

我們設計顧客體驗時，抱持著經營者的長期思維。不論決策規模大小，我們都努力以此思維框架，做每一個與顧客體驗相關的決策。

例如，一九九五年亞馬遜上線沒多久，我們就給顧客評價產品的權力，雖然現在這是亞馬遜的一貫做法，但當時有幾間商家向我們抱怨，質疑我們究竟懂不懂得做生意：「你們要賣東西才能賺錢，怎麼會讓負評出現在你們網站上呢？」從我自己的使用經驗出發，我會說，有時候我的確會因為在亞馬遜網站上看到負評、或不夠好的顧客評價，而在購物前改變心意。但即使負面評論會導致短期業績下滑，長期來看，幫助顧客做出更好的購物決定，最終能使我們獲益。

另外一個例子是我們的即時訂單更新功能，它提醒顧客已經買過一模一樣的商品。顧客的生活很忙碌，不會每次記得自己是否買過某樣東西，例如已經在一年前買過某片DVD或CD。推出即時訂單更新功能時，我們已經能從統計數據上看出即時訂單更新功能使得銷售些微下滑。這對顧客有好處嗎？絕對有。對股東有好處嗎？長期而言，也有好處。

在顧客體驗改善方面，我們最花錢的一項做法是專注於在平日推出免運費服務，並且持續降低商品的價格。消除缺點、提高生產力、將降低成本的好處以調降價格的方式回饋給顧客，就是抱持長期思維的決策。提升銷售量需要時間，降低價格免不了會犧牲眼前的成效。然而就長期而言，努力不懈地推動「價格成本結構閉環」（price-cost structure loop）能讓我們經營得更穩固、更有價值。有鑑於我們的成本大多集中在固定成本，例如軟體工程開銷，而且隨著規模擴大變動成本也大都能獲得更好的控制，所以透過成本結構來提升銷售量，能使成本占銷售額比例下降。舉個小例子，設計像即時訂單更新這樣的功能，給四千萬名顧客使用的成本，絕對不可能是讓一百萬名顧客使用時的四十倍。

我們的訂價策略不是想盡辦法提高利潤率，而是盡可能為顧客提高價值，長期來看，這就創造出可觀的財務價值。例如，我們將珠寶銷售的毛利率鎖在比一般市價低很多的價位，理由是我們相信長期而言，顧客會理解我們的做法，而且這麼做能為股東創造更高的價值。

我們擁有實力堅強的團隊，他們為打造亞馬遜努力、創新，致力於服務顧客，並著眼於長期。從長遠來看，股東與顧客的利益是一致的。

附註：今年公信力極高的美國顧客滿意度指數同樣給亞馬遜八十八分，不論網路與實體商店，這都是有史以來最高的顧客滿意度分數。有一位美國顧客滿意度指數代表在調查報告中表示：「再創高分，他們都要興奮得流鼻血了。」我們正在朝此方向努力。

08 每股自由現金流是最重要的財務指標

二〇〇四年致股東信

每股自由現金流是我們的終極財務指標，也是我們最希望推動的長期目標。為何我們不像許多公司那樣，以盈餘、每股盈餘或盈餘成長為目標？答案很簡單，盈餘無法直接轉換成現金流，股價反映的只是未來現金流的現值，不是未來盈餘的現值。每股未來現金流部分來自未來盈餘，後者不是唯一重要的部分，營運資金、資本支出和未來股權稀釋也很重要，都會影響每股未來現金流。

雖然有人可能覺得違背直覺，但在某些情況下，**一間公司的盈餘成長反而可能侵害股東價值。當推動成長所投資的資本超過這些投資所產生的現金流現值**，這樣的事就會發生。

我們用一個非常簡單的假設舉例說明。想像一下，有一位創業家發明了能快速將人們從一處移動到另外一處的機器。這台機器造價高昂，要一億六千萬美元，每年可以載客十萬人次，使用年限為四年。每人每趟收費一千美元，能源和物料成本為四百五十美元，勞動與其他成本則要五十美元。

	盈餘（單位：千元）			
	第一年	第二年	第三年	第四年
銷貨收入	$100,000	$200,000	$400,000	$800,000
載客次數	100	200	400	800
成長率	N/A	100%	100%	100%
毛利	55,000	110,000	220,000	440,000
毛利率	55%	55%	55%	55%
折舊	40,000	80,000	160,000	320,000
勞動與其他成本	5,000	10,000	20,000	40,000
盈餘	$ 10,000	$ 20,000	$ 40,000	$ 80,000
利潤	10%	10%	10%	10%
成長率	N/A	100%	100%	100%

讓我們繼續發揮想像力。這間公司生意愈來愈好，第一年的載客次數為十萬人次，徹底發揮一台機器的效益。因此，扣除營運支出（包含折舊），公司賺進一千萬美元——淨利百分之十。這間公司最關心的是盈餘；因此根據第一年的成果，創業家決定投入更多資金，來推動載客業績和盈餘成長，從第二年到第四年加入更多機器。

上圖是前四年的損益表：

這間公司的盈餘很亮眼：複合盈餘成長率百分之一百，累積盈餘一億五千萬美元。只看這份損益表的投資人會很高興。

然而，從現金流的角度你會看出

	現金流（單位：千元）			
	第一年	第二年	第三年	第四年
盈餘	$10,000	$20,000	$40,000	$80,000
折舊	40,000	80,000	160,000	320,000
營運資金	—	—	—	—
營運現金流	50,000	100,000	200,000	400,000
資本支出	160,000	160,000	320,000	640,000
自由現金流	$(110,000)	$ (60,000)	$(120,000)	$(240,000)

其他端倪。這間運輸公司在同樣這四年產生的累積現金流是負五億三千萬美元。

當然還有其他商業模式能讓盈餘與現金流的數字比較相近，但我們可以從這間運輸公司的例子看出，不能單靠檢視損益表來判定商業模式是為股東創造價值，抑或減損股東價值。

另外也要注意，息前稅前折舊攤銷前盈餘（earnings before interest, taxes, depreciation, amortization，簡稱EBITDA）同樣也會誤導我們對公司體質的判斷。年度EBITDA分別為五千萬、一億、二億、四億美元，表示連續三年的成長率皆為百分之百。但若我們不去考慮產生「現金流」所要花費的十二億八千萬美元資本支出，就無法看穿全貌——事實上，EBITDA不等於現金流。

讓我們修正一下成長率，並進一步調整機器的

第二、三、四年銷貨收入與盈餘成長率	第四年機器數量	第一至第四年累積盈餘	第一至第四年累積現金流
		（單位：千元）	
0%、0%、0%	1	$ 40,000	$ 40,000
100%、50%、33%	4	$100,000	$(140,000)
100%、100%、100%	8	$150,000	$(530,000)

資本支出——現金流會因此減少，還是提高呢？

從現金流的角度來看，這間公司成長速度愈慢，現金流就愈多，真是矛盾。投資第一台機器時產生了資本支出，自此開始，最佳成長軌跡是要快速將運載產能提升到百分之百，然後成長速度會停滯。但是，即使只有一台機器，累積總現金流一直要到第四年才會超越第一台機器的成本，而這筆現金流的淨現值（使用百分之十二的資金成本），此時依然為負數。

不巧的是，我們舉例的這間運輸公司存在基本缺陷，其成長率並不足以構成讓人一開始就投資或進一步投資經營的理由。

我們的例子非常清楚易懂。投資人只要用經濟模型做淨現值分析，一下子就能判斷出這筆投資不划算。現實世界的情況更微妙複雜，但盈餘與現金流之間的矛盾，始終存在。

大家經常不夠關注現金流量表，有鑑別力的投資人就不會只看損益表。

我們最重要的財務指標：每股自由現金流

亞馬遜的財務目標聚焦於每股現金流的長期成長。亞馬遜的自由現金流主要來自營業利益的提升，以及有效管理營運資金和資本支出。我們從關注所有與顧客體驗相關的層面來提升銷售額，同時維持精實的成本結構，努力以這兩種方法來提高營業利益。

我們有能夠產生現金盈餘的營運周期*，因為我們可以快速周轉庫存，在供應商收款期限之前，先從顧客端收到款項。我們有高庫存周轉率，表示我們在庫存上的投資相對較少——年末庫存為四億八千萬美元，銷售額約七十億美元。

我們的商業模式資本效益來自於最精省的固定資產投資，年末時這筆投資金額為二億四千六百萬美元，是二〇〇四年銷售額的百分之四。

自由現金流**成長幅度為百分之三十八，二〇〇四年來到四億七千七百萬美元，在過去一年裡，增加了一億三千一百萬美元。我們懷抱信心，相信繼續提升顧客體驗（包括增加品項和降低價格）加上執行效率，我們的價值主張與自由現金流都將進一步提升。

至於股權稀釋，二〇〇四年底的在外流通股數加獎勵配股張數，與二〇〇三年比較基本上沒有什麼變化，而且最近三年下降了百分之一。同一時期，我們支付超過六億美元，贖回超過六百萬張在二〇〇九年和二〇一〇年到期的可轉換債，消除可能的未來稀釋效果。有效管理股數意味著每股現金流提升，持有者的長期價值也提高了。

關注自由現金流在亞馬遜並非新的策略。我們在一九九七年公開上市時撰寫的第一封股東信裡就明確表示會這麼做。當時我們寫道：「若是不得不在一般公認會計原則下為了帳面數字好看，以及未來現金流現值最大化之間做選擇，我們選擇現金流。」

*營運周期是庫存銷售天數加上應收帳款銷售天數，減去應付帳款天數。

**自由現金流的定義為營運活動收入減去固定資產添購支出（包括內部應用軟體與網站開發成本，這兩項都列在我們的現金流量表上）的淨現金。二〇〇四年，我們有四億七千七百萬美元的自由現金流，來自五億六千七百萬美元的營運活動收入，減去固定資產添購支出（包括內部應用軟體與網站開發成本，共八千九百萬美元成本）的淨現金。二〇〇三年，我們有三億四千六百萬美元的自由現金流，來自三億九千二百萬美元的營運活動收入，減去固定資產添購支出（包括內部應用軟體與網站開發成本，共四千六百萬美元成本）的淨現金。

09 以長期領先作為決策判斷

二〇〇五年致股東信

我們在亞馬遜做出的許多重要決策都仰賴數據。這些決策的答案有對錯、好壞之分，能藉由數學算式加以分辨，是我們最喜歡的決策類型。

其中一個例子，就是成立新的物流中心。我們運用現有物流網絡的歷史資訊來預判季節物流高峰，針對擴增物流能力的各項方案建立模型。我們檢視預估的商品組合，包括商品的體積和重量，判斷需要多少空間，以及是否需要存放小型「可分類」商品或大型單獨運送商品的設施。為了縮短運送時間、降低出貨運輸成本，我們根據與顧客的距離、運輸中心地點、現有設施等因素，來分析可能打造物流設施的地點。量化分析能改善顧客體驗與我們的成本結構。

同樣地，我們的庫存採購決策，多半都能運用數學來建立模型並分析。我們希望商品有現貨，能即時出貨給顧客，而且總庫存量要儘量縮減至最少，達到相關持有成本維持在低檔，從而降低售價。為了同時達成這兩項目標，就要維持在正確的庫存量。我們用歷史購買資料來預測顧客對商品的需求，以及該項需求的預估變化。我們用商家的歷史績效數據來預估補貨時間。我們可以根據進出貨運輸成本、倉儲成本、顧客的預估位置，判斷出要把商品存放在物流網絡的何處。我們利用這個方式，將超過一百萬件獨家商品放置在我們營業地點，即時出貨給顧客，維持在十四次以上的年度庫存周轉率。

前述決策需要我們做出某些假設和判斷，但判斷和選擇只在這類決策過程中占據一小部分，仰賴的還是數學模型。

你可能猜中了，我們的重要決策，並非全部都能以這種令人羨慕的數學模型來解決。有時候我們沒有多少能夠指引方向的歷史資料，而且不是幾乎無法先做實驗，就是先做實驗不符實際狀況，或是一旦實驗就等於做出決定了。在這種決策當中，雖然資料、分析和數學模型有其重要性，但最仰賴的卻是決策者的判斷。*

---

*一九七六年，亨利．明茲柏格（Henry Mintzberg）、杜魯．瑞辛哈尼（Duru Raisinghani）、安德烈．席歐瑞特（Andre Theoret）發表精采論文〈「無框架」決策流程的架構〉（The Structure of "Unstructured" Decision Processes）。他們檢視了，相較於比較能夠加以量化的「操作」決策，組織是如何制訂策略性質的「無框架」決策。你可以在這篇論文裡找到許多珍寶，包括：「管理科學的實施者若是過度關注營運決策，很有可能會導致組織以更高的效率去追求不適當的行動路徑。」他們不是在爭論精密的量化分析是否重要，只是要指出，有過多研究關注於精密的量化分析，可能是因為這類分析可以用量化的方式來達成。全文可見於 www.amazon.com/ir/mintzberg。

亞馬遜的股東都知道，我們決定透過提高效率和擴大規模，做到每一年持續為顧客大幅降低商品價格。這項重要決策就是說明有些決策無法仰仗數學模型的例子。事實上，當我們降低價格，是違反我們可以援引的數學模型——在數學模型裡，提高價格才是聰明的做法。我們掌握價格彈性的相關重要資料，可以精準估算價格降低幾成，銷售量會提高幾成。除了極少數的例外狀況，短期的數量提升，永遠不足以填補價格的下降幅度。然而，用量化的角度來理解價格彈性，只能了解短期的表現。我們可以預估價格下降會在這一週、這一季帶來什麼作用，但我們無法依憑數據，去預測持續降價會對我們接下來五年、十年甚至更久的生意，產生什麼樣的效果。**我們判斷，堅持將效率提升和規模經濟帶來的效益，以降價的方式回饋給顧客，能產生正向循環，在長期創造可觀許多的現金流，進而大幅提升亞馬遜的價值**。我們對超省錢免運費服務和亞馬遜尊榮會員制的看法雷同，儘管在短期都要花很多錢，但是我們相信，長遠來看具有重要性和價值。

再舉一例，二〇〇〇年，我們邀請第三方在我們的「最重要的零售地盤」商品資訊頁面與我們直接競爭。推出同時擺放亞馬遜零售商品和第三方商品的資訊頁面，似乎是冒險之舉。好心的內外部人士擔憂，這麼做會瓜分掉亞馬遜的零售業績，而且正如以顧客為主的創新事業所經常面臨的——我們無法事先證明這麼做行得通。有投資人指出，邀請第三方進駐亞馬遜，會讓庫存預測變得困難，一旦我們敗給第三方賣家，因此「丟失資訊頁面這片疆土」，可能會被過剩庫存「困住」。儘管如此，我們的判斷很簡單。如果第三方能針對某項商品提出更優惠的價格，或是能夠更順利地出貨給顧客，那麼我們希望顧客能輕鬆找到那項商品。這段期間第三方賣家的業績大放異彩，在我們的生意上扮演要角。第三方賣家出售的商品件數占比，從二〇〇〇年的百分之六，成長到二〇〇五年的百分之二十八，在零售營收方面也成長三倍。

以數學為基礎的決策往往能取得共識，以判斷為基礎的決策則是無論如何都會引起爭論，而且通常具有爭議——至少，付諸實行和證明有效前難免如此。任何不希望經歷爭議階段的組織，只會以第一種方式制訂決策。在我們看來，這麼做不只限制了爭議，也大幅限制了創新和長期價值的創造。

我們在一九九七年的股東信裡，**清楚闡述我們的決策哲學基礎**。信中文句附於下方：

我們將繼續義無反顧地以顧客為重。

我們將繼續以長期市場領先為考量做投資決策，而非顧慮短期獲利或短期的華爾街反應。

我們將繼續分析、評估我們的計畫和投資效益，放棄收益未達水準的計畫，並在成效極佳的計畫加強投資。我們將繼續從成功與失敗中汲取經驗。

當我們看出，極有可能取得市場領先優勢時，我們會做出大膽的投資決策，不會膽怯畏縮。在這當中，有些決策會有回報，有些不會，無論如何我們都能從中再學到寶貴的一課。

請放心，我們擁有穩固的量化與分析文化，願意做出大膽的決策，兩者兼而顧之。在此同時，我們將從顧客著手，反過來思考我們的策略。我們認為這是創造股東價值的最佳方式。

10 發展新事業的紀律

二〇〇六年致股東信

以亞馬遜的現有規模，要培植足以開枝散葉的新事業，需要有一些紀律、一點耐心，還要有能夠滋養這棵種子的文化。

我們已經建立的事業是紮根穩健的小樹，在極大型的市場中成長茁壯，享有豐厚的資本報酬。這幾項特點，為我們想要推動的每項新事業立下很高的標準。在將股東的金錢投入新事業之前，我們必須要先說服自己，新的商機所能產生的報酬，要能滿足投資人在投資亞馬遜時對我們抱持的期待。我們也必須說服自己，新事業能成長到在整體業務中占據要角的規模。

除此之外，我們認為當前的商機在於現有服務品質不夠好，而我們有能力針對與顧客直接接觸的事業，為市場帶來凸出的差異化服務。少了這一塊，新事業壯大的機率不高。

經常有人問我：「你什麼時候要開實體店面？」我們一直在抗拒那樣的拓展機會，除了潛在發展規模非常誘人之外，實體店面網絡並不符合前述所提各項條件。儘管發展規模誘人，我們不知道如何才能兼顧低資本、高收益，而且實體零售是一門諱莫如深的古老生意，已有很棒的服務了。要如何以實體購物經驗，為顧客創造具有意義的差異性？對此我們毫無概念。

當你看見我們進軍新的事業，那是因為我們判斷新事業通過了前述各項考驗。收購Joyo.com是我們為世界人口大國提供服務的第一步。中國的電子商務仍然處於早期階段，我們相信這是絕佳的商機。鞋子、服裝、食品雜貨——我們在這幾個重要區塊擁有適當技能，足以開創事業並且擴大規模、獲得高額報酬，做到真正提升顧客體驗。

亞馬遜物流服務（Fulfillment by Amazon，FBA）是一套網路服務應用程式介面（APIs），將我們占地一千二百萬平方英尺的物流中心網絡，整合成為一個巨大精密的電腦外圍設施。每個月花四十五美分，就能在物流中心擁有一立方英尺的空間，將你的商品存放在我們的網絡裡。你可以利用網路服務呼叫功能，提醒我們會有庫存送到倉庫，告訴我們有一項或多項商品需要揀貨包裝，或是通知我們要將那些商品送往何處。你不必跟我們通話。這是具有差異性的服務，可以擴大規模，超越我們設立的高報酬基準。

另外一個例子是亞馬遜雲端運算服務（AWS），我們打造出這項新事業，專門服務一類新的客群：軟體開發者。我們目前提供十種不同的網路服務，並建立了一個擁有二十四萬多名註冊開發者的社群。我們鎖定全球開發者都面臨到的廣泛需求，例如：儲存、運算能力——開發者在這些領域尋求協助，而我們，從這十二年來擴大亞馬遜網站規模的經驗當中，累積了深厚的相關專業知識。我們站在很好的立足點上，這是高度差異化的事業，能夠隨時間推移，成為一門重要、利益誘人的生意。

在某些大公司裡，因為無法付出相應的耐心、予以滋養，所以小種子很難長大成一門新事業。在我看來，亞馬遜擁有非比尋常的文化，能夠大力支持擁有龐大潛力的小事業，而且我相信，那樣能帶來競爭優勢。

我們和其他公司一樣，企業文化不僅來自我們的目標，也會受到公司的歷史所影響。就亞馬遜而言，歷史還很新，而且幸好當中包含了好幾個由小種子長成大樹的例子。我們的公司裡，有許多人見識過，許多價值千萬美元的種子搖身一變成為數十億美元的事業。那樣的親身經歷，以及從那些成功經驗發展得來的文化，我認為，是我們何以能夠白手起家的重要因素。這個文化要求新事業具有強勁的潛力、要能創新和具有差異化，但不要求新事業誕生的第一天就得具備龐大的規模。

我還記得，一九九六年，我們的書籍銷售額突破一千萬美元大關時，當時的心情有多激昂。我們從零成長到千萬美元，教人心情不激昂都難。今天，亞馬遜的新事業成長到一千萬美元，公司的整體業績會從一百億美元，上升到一百億零一千萬美元。掌管價值數十億美元事業的高階主管，是有可能對此嗤之以鼻。但這些高階主管不會這樣。他們眼裡有新興事業的成長率，會發送電子郵件道賀。那是很棒的作風，我們以文化中包含這樣的作風為傲。

在我們的經驗裡，假如新事業一下子就突飛猛進，那還只不過是開端，要等三到七年，新事業才會對公司的整體財務產生貢獻。我們在海外事業、初期的非媒體事業、第三方賣家事業看見了這樣的時間框架。今天，海外事業占銷售額的百分之四十五，非媒體事業占銷售額的百分之三十四，第三方賣家的生意占銷售件數的百分之二十八。如果剛種下的種子，也能在將來取得類似成果，我們一定會很開心。

自從業績第一次突破千萬美元，我們已經走了好長一段路。隨著公司繼續成長，我們將努力維持擁抱新事業的文化。我們會拿出紀律達成這項目標，將心思放在收益、潛在規模，以及是否有能力打造顧客關心的差異性。我們不見得總是會做出最正確的選擇，我們也不一定每次都能成功，但是我們會精挑細選，付出耐心，努力辦到。

11 團隊的傳教士精神

二〇〇七年致股東信

二〇〇七年十一月十九日是個特別的日子。經過三年的努力，我們為顧客推出了亞馬遜 Kindle 閱讀器。

應該有好幾位股東認識 Kindle 閱讀器了——我們很幸運（也很感激），有許多文章介紹 Kindle，討論熱度很高。簡單來說，Kindle 是專門打造的閱讀裝置，可以透過無線網路功能存取十一萬筆以上的書籍、部落格文章、雜誌、報紙。Kindle 的內建無線連網功能不是 Wi-Fi，而是採用與先進手機相同的無線網絡技術，所以不論你是躺在家裡的床上，還是外出四處走動都能使用。你可以直接透過裝置購買書籍，整本書會在六十秒內，從無線網路下載到裝置，供你閱讀。不需搭配「無線上網方案」，不需簽下一整年的合約，也不需支付月費。質感有如紙張的電子墨水顯示器，即使是在白天強光照射下也能輕鬆閱讀。第一次看見這個顯示器的人會對它多看兩眼。這台閱讀器比平裝書還要輕薄，可以容納二百本書籍。請上亞馬遜網站的 Kindle 介紹頁面，看一看顧客的意見回饋吧——Kindle 已經有超過二千多則評價了。

你也許會想，經過三年的努力，我們當然非常希望 Kindle 大獲好評，但我們真的沒有料到市場反應竟如此熱烈。產品剛推出，五個半小時之內就售罄了。我們供應鏈和製造團隊不得不匆忙提高產量。

我們的確從一開始就野心勃勃，打算設計比實體書更棒的產品。我們沒有草率挑選目標。任何五百年來大致維持相同型式、無法改變的東西，絕對不可能輕鬆改良。我們在設計流程初始，定義出我們認為什麼才是書本最重要的特色。**書本會消失**，閱讀書籍的時候，你不會注意到紙張、墨水、黏膠和縫線，這些全數化於無形，獨留作者創造的世界。

我們很清楚 Kindle 絕對不能擋在中間，就像實體書，這樣讀者才能全神貫注在文字上，忘卻他們在使用裝置看書。我們也知道，我們不能想要鉅細靡遺地移植書本的每一項特色，我們永遠不可能以一本書的樣子贏過實體書。我們**必須加入新功能**，傳統書籍永遠不可能出現的功能。

亞馬遜網站創業早期給了我們可以類比的東西。在當時，我們很容易產生一種想法，相信網路書店應該要具備實體書店的各種特色。有一項功能，我屢次被人問起：「你們要怎麼用電子化的方式辦簽書會？」十三年後，我們還是沒有想出怎麼做！我們不是試著去複製實體書店，我們是受實體書店所啟發，努力找出可以在新媒介做到哪些舊媒介所辦不到的事。我們沒有電子簽書會，我們同樣無法提供舒適的空間讓顧客喝咖啡休息。但我們可以紮紮實實提供數百萬冊書籍，透過顧客評價幫助顧客做出購物決定，並提供了探索的功能，像是「購買此商品的人也買了」的商品建議。唯有新媒介才做得到的實用功能，可以列出一長串清單。

我要特別提出我們在Kindle裡內建的幾項實用功能，這些是實體書所無法辦到的事。如果遇到不認識的字，你可以輕鬆查出意思；你可以搜尋書籍；你的註記和劃線儲存在雲端伺服器，不會不見。Kindle會自動記住你每一本書讀到哪裡。如果你的眼睛痠了，你可以改變字體大小。最重要的是你可以毫不費力簡單地找出一本書，六十秒就能擁有這本書。我在第一次這麼做的人身上看見，這顯然是對他們影響深遠的一項功能。我們對Kindle的期許是每一本書的每一種語言版本，都能在六十秒鐘之內取得。出版商——包括所有大型出版商——都樂見Kindle的存在，對此我們由衷感謝。從出版商的觀點來看，Kindle擁有許多優點。書籍永遠不會缺貨，也永遠不會庫存太多。而且永遠不會因為印得太多而造成浪費。最重要的一點，Kindle能方便讀者購買更多書籍。只要某樣事物變簡單了、阻力減少，人們就會更投入。

人會隨著使用的工具進化。我們改變工具，工具再改變我們。數千年前人類發明書寫，成為工具上的一項重大突破。書寫大大改變了人類，這件事我毫不懷疑。五百年前，古騰堡的發明使書籍製作成本一躍而降。實體書開啟了合作與學習的新方式。近來，網路工具（例如桌上型電腦、筆記型電腦、手機、平板）也改變了我們，使**人們開始偏好淺嚐資訊**（information snacking），而且我認為，**注意力也會隨之縮短**。我很重視我的黑莓機——我相信它能讓我更有生產力——但我不想用它看三百頁的文件。我也不想用我的桌電或筆電閱讀數百頁的文字。這封信前面提過，便利和去除阻礙會讓人更投入。若我們的工具是讓淺嘗資訊變容易，那我們就會開始偏好淺嚐資訊，較少閱讀長文。Kindle 專為閱讀長文而打造。我們希望 Kindle 和以後的裝置，能在往後幾年，逐漸帶我們走向注意力延長的世界，針對近來的資訊淺嚐工具愈來愈多的現象，提供制衡的力量。我發現，我講這些的語氣很像傳教士。我可以向你保證這些都是肺腑之言，而且不是只有我這樣想，這裡有一大群人觀點相同。我對此深感欣慰，因為傳教士類型的人能打造出比較棒的產品。我也要告訴各位，我相信書本正在比以前更好，而且改良勢在必行，亞馬遜也絕對不會缺席，但如果我們做得不好，也會有別人出手。

各位股東在亞馬遜擁有一群傳教士，他們以熱誠的態度，努力提高每股自由現金流和資本報酬。我們知道，以顧客優先能替我們辦到。我向各位保證，我們將會推出比現有更多的創新事物，我們預料前方不會是一條平坦的道路。我們充滿希望，我甚至可以樂觀地說，Kindle 一如其名，將會「點燃火光」，讓閱讀的天地更加美好。

Kindle 的例子，體現了我們在一九九七年第一封股東信討論過的經營哲學和長期投資方式。

12 從顧客需求回推，才會發展新能力

二〇〇八年致股東信

儘管目前全球經濟動盪，我們依舊維持著基本方針。全神貫注，將焦點放在長遠未來，並以顧客為中心。長期思維有利於發揮現有能力，讓我們可以做到原本不會考慮的新事物。它能支持創新所需要的失敗和反覆修正，讓我們能放手在未知的領域衝鋒陷陣。追求當下的滿足感，或若有似無的成果，你很有可能發現，已經有一群人走在你的前頭了。

重視長遠導向和顧客優先，兩者密切相關。如果我們可以找出顧客的需求，進而深信那是有意義和經得起時間考驗的需求，那麼採用這樣的做事方法，會讓我們付出耐心，以數年的時光，找出解決方案。我們可以從顧客需求「往回推」現在該做什麼，這是逆向工作法（working backwards），相比技能導向法（skills-forward）則是從已知能力出發，試圖推動商機。技能導向法是：「我們很擅長做 X。我們還能用 X 來做到什麼？」這是實用且能受益的經營方式。但若僅僅使用這項技能，那公司就永遠不會有開發新技能的動力。而且，現有技能終究會越來越過時。**逆向工作法通常會要求我們學習新技能、施展新長出來的肌肉，不在意剛踏出前幾步**

時有多麼不自在和彆手彆腳。

Kindle這個好例子說明了我們的基本方針。四年多前，我們從一個願景出發：每一本書只要印製成冊，不論何種語言都能在六十秒內取得。在我們設想的顧客體驗裡，Kindle裝置和Kindle服務之間不能有明顯的分野，兩者必須順暢相融。亞馬遜從未設計或打造過硬體裝置，但我們沒有屈就當時擁有的技能，修改我們的願景，而是請來好幾位才華洋溢（以及具傳教士特色！）的硬體工程師，開始培養組織的新技能，讓我們能在未來替讀者提供更好的服務。

Kindle的銷售量甚至超越了我們的樂觀預期，我們心存感激，也受到了振奮。二月二十三日，第二代Kindle閱讀器開始出貨。如果你還沒見過第二代Kindle，它保留了原始Kindle最受顧客喜歡的每一項特色，但外型更輕薄、速度更快、顯示器更清晰、電池壽命更長，能夠容納一千五百本書。你可以從二十五萬多本最暢銷的書籍、雜誌、報紙中挑選。不必支付無線傳輸費，六十秒不到就能擁有你想要的書。我們收到數以千計的Kindle使用意見回饋電子郵件，百分之二十六的顧客提到「非常喜歡」。很了不起。

顧客體驗支柱

我們零售生意經營方針是深信顧客重視的是低廉價格、豐富選項、快速和便利配送，不論時間如何演進，這些需求都不會改變。我們很難想像，從現在算起十年後，顧客會想要更高的價格、更少的選擇或更慢的出貨速度。我們相信這幾項支柱會經久不衰，所以我們有信心投入資源來鞏固這些支柱。我們曉得，現在投入的精力會延續到未來，產生豐厚的報酬。

我們的訂價策略，目的在爭取顧客的信任，不是為了儘量提高短期的現金利潤。我們相信這樣的訂價方式最能在長期提高利潤總額。也許單就一件商品來看賺得比較少，但持續獲得信任能賣出更多商品。因此，我們在各種商品全面提供低廉價格。我們也基於相同的理由，持續將資源投注於免運方案，亞馬遜尊榮會員制也是其一。顧客掌握足夠的資訊，也很聰明，做購物決定時會評估整體成本，包括運費在內。這十二個月以來，世界各地的顧客從我們的免運服務，省下超過八億美元。

我們堅持聚焦於增添選擇性，同時做到擴大現有類別的商品選項，以及添加新的商品類別。自二〇〇七年起，我們增加了二十八種新品項。我們有一個事業部門正快速成長，屢屢令我刮目相看，就是我們在二〇〇七年推出的鞋店Endless.com。出貨可靠快速對顧客而言很重要。二〇〇五年，我們推出亞馬遜尊榮會員制。尊榮會員支付七十九美元，*可以享受無限次

*尊榮會員制是全球方案：日本收取三千九百日元，英國收取四十八英鎊，德國收取二十九歐元，法國收取四十九歐元。

兩日免運快速到府，只要多付三・九九美元就能升級為一日到府。二〇〇七年，我們為第三方賣家推出新服務「亞馬遜物流」，賣家可以將貨品存放在我們的全球物流網絡倉庫，由我們代表賣家撿貨、包裝和運送至終端顧客。亞馬遜物流商品適用於亞馬遜尊榮會員制和超省錢免運費服務——一如亞馬遜本身的庫存商品。因此，亞馬遜物流能提升顧客體驗，並為賣家增加銷量。二〇〇八年第四季，我們透過亞馬遜物流代表賣家運送超過三百萬件商品，為顧客與賣家創造雙贏。

謹慎開支

聚焦創造顧客體驗是亞馬遜的選擇，這樣的方式要求我們必須具備高效的成本結構。對股東來說，好消息是我們發現有很大的進步空間。在我們舉目所見之處，都能看到不具附加價值的浪費，這是資深日本製造業者稱之為「無駄」（muda）的現象。*為此我大感振奮，認為這具有發展潛力——我們可以連年提高變動和固定的生產報酬，提升效率、加快速度，資本支出也能更有彈性。

我們的首要財務目標依然是儘量提高長期的自由現金流，同時也要提高投入資本的報酬率。我們全心投注於亞馬遜雲端運算服務、第三方賣家工具、數位媒體、中國市場以及新的產品類別。在這些投資背後，我們相信通過我們針對報酬設下的高標準，投資能成長到具有意義的規模。

在世界各地，善於創造、努力工作、了不起的亞馬遜人，將顧客擺在第一順位。身為這個團隊的一份子，我深以為傲。感謝各位，謝謝我們的股東，謝謝你的支持、鼓勵，謝謝你加入我們繼續冒險。

*最近在一間物流中心裡有一位改善（Kaizen）專家問我：「我支持要有乾淨的物流中心，但為何要清潔乾淨？去除髒亂的源頭不就行了？」我覺得自己好像電影《小子難纏》（*Karate Kid*）的主角。

13 精心設定目標，專注可控制的成果

二〇〇九年致股東信

從二〇〇九年的財務成績，可以看出這十五年來，我們的顧客體驗不斷提升：商品選項增加、出貨速度加快、成本結構降低，並在這個結構上，為顧客提供愈來愈低的價格，族繁不及備載。能達到這些成就，仰賴的是亞馬遜各領域中，許許多多頭腦聰明、堅持不懈、專心致志為顧客著想的人們。我們提供低廉的價格，出貨可靠穩定，即便是冷門稀有的商品也有現貨，我們以此為傲。我們也知道，我們還能做得更好，致力於更上層樓。

以下是二〇〇九年一些值得關注的重點：

銷售額比去年同期增加百分之二十八，在二〇〇九年達到二百四十五億一千萬美元。十年前，我們在一九九九年的淨銷售額是十六億四千萬美元，如今這個數字是當時的十五倍之多。

自由現金流比去年同期增加百分之一百一十四，在二〇〇九年達到二十億九千二百萬美元。

利用亞馬遜尊榮會員制的顧客更多了，世界各地的會員人數，在去年大幅攀升。二〇〇九年可立即出貨的商品，品項增加超過百分之五十。

二〇〇九年，我們在全世界增加二十一種新的商品類別，包括在日本推出汽車，在法國推出嬰兒用品，在中國推出服裝與鞋類商品。

我們的鞋類生意今年很繁忙。十一月，收購了網路服飾鞋類業的佼佼者 Zappos。Zappos 致力為購物者提供最佳服務與商品選項，能為我們的 Endless、Javari、亞馬遜和 Shopbop 商品選項，帶來很棒的加分效果。

服裝團隊持續提升顧客體驗，推出了提供一百種品牌的 Denim Shop，包括 Joes's Jeans、Lucky Brand、7 For All Mankind 以及 Levi's。

鞋類與服裝團隊在網站上，建立超過十二萬一千件商品的說明資訊，上傳超過二百二十萬張圖片，為顧客打造身歷其境的購物經驗。

全世界約有七百萬名顧客在網站上寫下他們的評論。

第三方賣家透過我們的網站銷售產品，占二〇〇九年銷量三成。活躍賣家帳號在這一年增加了百分之二十四，來到一百九十萬個帳號。世界各地使用亞馬遜物流服務的賣家，在我們的物流中心網絡存放超過一百萬件獨一無二的商品，這些商品都適用超省錢免運費服務，以及亞馬遜尊榮會員制。

亞馬遜雲端運算服務持續以快速的步調創新，推出許多新的服務與功能，包括亞馬遜關聯式資料庫服務（Amazon Relational Database Service）、虛擬私有雲端運算服務（Virtual

Private Cloud）、彈性MapReduce（Elastic MapReduce）、EC2記憶體增強型執行個體（High-Memory EC2 Instances）、預留與競價執行個體（Reserved and spot Instances）、亞馬遜CloudFront（Amazon CloudFront）的串流功能、亞馬遜簡易儲存服務（Amazon S3）的版本管理功能。除此之外，AWS更持續拓展全球足跡，除了在歐盟國家以及北加州的一個新的地區擴增服務，也預計在二〇一〇年進軍亞太地區。在持續創新和經營績效屢創佳績下，二〇〇九年，AWS的用戶增加數量前所未見，有許多是大型企業用戶。

美國Kindle商店目前擁有超過四十六萬冊圖書，數量高於去年的二十五萬冊。《紐約時報》一百一十本暢銷書籍當中，我們就有一百零三本，而且我們有八千九百多個部落格，和一百七十一份優秀的美國與國際報刊。我們將Kindle出貨至一百二十多個國家，目前有六種不同語言的圖書內容。

我們很少花時間討論實際的財務成績，也很少爭論預估財務數據，這點經常讓剛加入亞馬遜的高階主管感到訝異。說明一下，我們非常認真看待這些財務數據，但我們相信，將精力專心花在可控制的經營成果上，是能獲得長期最佳財務成績最有效率的一種辦法。我們會在秋季開始設定下一年度的目標，並在出貨量達到巔峰的聖誕季節結束後，在新年度之始拍板定案。我們的目標設定會議很花時間，大家會把細節提出來熱烈討論。我們認為顧客理應享受符合高標準的購物經驗，而且我們急於改善顧客體驗。

我們已經好多年都採用這樣的年度規畫流程。二〇一〇年，我們針對股東、交付事項、目標完成日期等，列出四百五十二項詳盡的目標。這些不僅是我們的團隊為自己訂定的目標，也是我們認為非常有必要監控的事項。當中沒有任何一項是簡單的目標，若是少了創新，許多都無法達成。我們的高階管理團隊每一年會數次檢視這些目標的現況，隨進展增加、移除或修正目標。

從我們的當前目標，可看出一些有趣的統計數據：

在四百五十二項目標之中，有三百六十項直接影響顧客體驗。

營收一詞出現八次，而自由現金流僅出現四次。

四百五十二項目標裡，淨收入、毛利（或利潤）、營業利益，一次也沒有出現過。

整體而言，目標設定反映出我們的基本方針。我們以顧客為起點，往回推。**我們傾聽顧客的意見，但不僅僅是聽他們的想法，還要替他們發明新事物**。我們無法向你保證一定會達成今年的所有目標。過去十年我們並沒有全數達成。但是我們可以向各位保證，我們會繼續全心全意替顧客著想。我們堅信這樣的方針，長期來看，能為股東以及顧客帶來同等的好處。

今天仍然是第一天。

14 科技是全面精進顧客體驗的基本工具

二〇一〇年致股東信

隨機森林、單純貝氏估計量、表現層狀態轉換架構（RESTful）服務、流言散布協定、最終一致性、資料共享、反熵、拜占庭容錯機制、抹除碼、向量時鐘——你可能會在走進某幾場亞馬遜的會議時，一下子以為自己誤闖電腦科學（計算機科學）講座。

如果你去翻一翻現在用的軟體架構教科書，會發現幾乎各種模式都被我們納入亞馬遜的框架裡。我們採用高性能交易系統、複合顯現與物件快取、工作流程與佇列系統、商業智慧與資料分析、機器學習與模式辨識、神經網絡與機率決策，以及其他各式各樣的技術。另外，雖然我們有許多系統來自最新的電腦科學研究，但往往並不足夠：我們的架構師和工程師必須早一步踏入學術界尚未研究的方向。我們面臨的許多問題沒有教科書提供解決辦法，我們也因此——樂於——發明新的途徑。

我們的技術可說都以服務呈現：以邏輯位元封裝操作資料，並提供強化介面，作為存取功能的唯一途徑。這種方式能減少副作用，讓服務以既有步調演進，而不會影響到整體系統中的其他組件。服務導向架構（service-oriented architecture，SOA）是打造亞馬遜科技的基本抽象概念。因為我們有設想周到、深具遠見的工程師與架構師團隊，所以早在SOA成為業界流行詞彙前，亞馬遜就採行這種架構了。我們的電商平台內含數百種聯合軟體服務，能一起提供諸如推薦、執行訂單、庫存追蹤等功能。舉例來說，當你要為造訪亞馬遜網站的顧客建立一個商品資訊頁面，我們的軟體會用到兩三百種服務來為顧客提供高度個人化的購物經驗。

狀態管理是所有系統想要拓展到極大規模的關鍵。早在許多年前，亞馬遜的許多系統就要求太高，任何商業解決方案都滿足不了需求：我們的關鍵資料服務儲存數千兆位元組（PB）的資料，每一秒必須處理數百萬個要求。為了符合這些需求和超乎尋常的條件，我們開發出各種專門打造的持久替代方案，包括專屬的關鍵值資料庫和單表資料庫。在此過程大力仰仗分散式系統的核心原理，受到資料庫研究社群的鼎力相助，並以此為發明基礎。

我們率先開發的儲存系統證明了它具有非常強大的擴張性，同時還能密切掌控性能、可用性和成本。為了將系統特性發揮到淋漓盡致，我們用新穎的方式進行資料更新管理：放寬了大量複本的同步更新條件，讓系統在嚴苛的性能與可用性要求下，也能順利運作。這些做法的背後概念為最終一致性。亞馬遜工程師開發的先進資料管理方法，已經成為亞馬遜AWS雲端儲存與資料管理服務的初始架構。以我們的簡易儲存服務、彈性區塊儲存服務（Elastic Block Store）和簡易資料庫服務（SimpleDB）為例，基本架構都是來自亞馬遜的獨家技術。

亞馬遜事業的其他領域面臨到與此類似的複雜資料處理與決策問題，例如商品資料擷取與分類、需求預測、庫存分配以及假貨偵測。我們可以成功運用以規則為本的系統，但這些系統難以維護，長期下來容易損壞。已有許多例子顯示，先進的機器學習技術可提供更精確的分類方式，並能隨著變動中的條件自行修補調整。例如，我們的搜尋引擎採用資料探勘與機器學習運算法，這些技術在背景運作，以便建立主題模式；我們運用資訊萃取運算法找出屬性，從分結構化描述中擷取實體，幫顧客縮小搜尋範圍，快速找到想買的商品。我們會考量搜尋關聯性的許多因素，來預測顧客感興趣的機率多高，提供最佳結果排序。為了順利運送商品，我們應用了現代回歸技術，例如經過訓練的隨機森林決策樹，做到在排序時有彈性地納入數千種商品屬性。這藏在背後的軟體功臣帶來了什麼？它能產生快速、精準的搜尋結果，幫你找到想要的東西。

如果科技只局限在某某研發部門，被我們束之高閣，那麼我們為研發科技付出的一切努力，可能就不太重要了，所以我們沒有那樣做。我們將科技導入所有團隊、所有流程、決策，以及各項事業的創新方針。深刻融入我們的一切活動。

Kindle 的 Whispersync 同步服務就是一個好例子。它能確保，不論你身在何處，不論你使用什麼裝置，你都可以存取你的書庫和所有重點標示、筆記和書籤，將你的 Kindle 裝置和手機應用程式同步。這裡的科技挑戰在於，要讓數百萬名 Kindle 擁有者享用這項服務，應用於億萬冊書籍和許許多多的裝置類型，在全世界一百個國家，時時刻刻可靠使用，全年無休。Whispersync 同步服務的核心是最終一致複寫資料儲存，應用程式的定義衝突解決方案必須（而且要能夠）為長達數週以上未連線的裝置處理問題。你是使用 Kindle 的顧客，我們當然不會讓你感覺到這項技術的存在。你一打開 Kindls，Kindle 就同步好，停留在正確的頁面上。

現在，如果有些認真展信至此的股東，眼神開始渙散了，那麼接下來的話會讓你清醒過來。用亞瑟．克拉克（Arthur C. Clarke）的話來說，凡真正先進的科技，皆與魔術無異。在我看來，這些科技不是瞎搞一通，開發科技能直接創造自由現金流。

我們生活的這個時代，頻寬、磁碟儲存空間、處理能力都在急劇增加，價格繼續快速下降。我們的團隊掌握全世界最精密的科技，可望解決今時今日可能面臨之挑戰。如我先前多次提及，亞馬遜相信股東的長期利益與顧客的利益完全相符，這是我們不可動搖的信念。

而且，我們樂於此道。創新存在於我們的 DNA，科技是我們用來全面精進顧客體驗的基本工具。我們仍有許多待學習之處，我期許並且希望，我們能繼續在學習過程大享樂趣。身為這個團隊的一份子，我深以為傲。

今天仍然是第一天。

15 以徹底顛覆的創新成就他人夢想

二〇一一年致股東信

BandPage科技長克里斯多福・索倫（Christopher Tholen）說：「亞馬遜雲端運算服務（AWS）對我們的價值無庸置疑——可以在二十秒內提升一倍的伺服器效能。處在如此快速成長的環境，只有一小群開發者團隊，我們必須確信自己能為全球音樂人社群提供最有力的支援。五年前我們面臨破產，可能從此一蹶不振。現在，因為亞馬遜持續創新，我們才能提供最佳技術，持續成長。」他說AWS協助BandPage快速可靠地拓展運算能力，滿足這項關鍵需求，非空穴來風：在BandPage的幫助下，現在有五十萬個樂團和藝術家，可與數不清的樂迷連結。

「我是在二〇一一年四月開始在亞馬遜上賣東西，六月成為亞馬遜上排名第一的午餐盒賣家，我們每天接五十到七十五張訂單。到八、九月——學校剛開學，最忙碌，我們每天接三百張訂單，有時五百張。太厲害了……我讓亞馬遜替我出貨，生活過得更輕鬆了。另外，顧客發現加入尊榮會員制可享免運服務，午餐盒開始賣到翻天。」說這些話的凱莉・萊斯特（Kelly

Lester）是一位「創業媽媽」，她自己發明了一系列方便盛裝食物、對環境友善的午餐容器，稱為「EasyLunchboxes」。

「我算是偶然發現的，它為我開啟了一個全新的世界。我家裡有超過一千本〔書籍〕，所以我就想：『試試看吧。』我賣掉一些，又賣掉一些，然後賣掉更多，最後發現實在太有趣了，所以我決定，不想再做其他工作了。而且我沒有老闆——除了我太太，她就是我的老闆。還有什麼比那更棒嗎？我們其實互相合作。我們都會出門尋書，共事起來合作無間。我們大約一個月賣掉七百本書。我們每個月將八、九百本書運送到亞馬遜，由亞馬遜送出那七百本被顧客買下的書。如果沒有亞馬遜處理出貨和顧客服務的事，我和太太就必須每天帶著數十件包裹跑郵局或其他地方。這個環節有人替我們顧好，生活輕鬆多了……這是方案超棒，我愛死了。畢竟，有亞馬遜供貨給顧客，甚至負責送書。我是說，還有比那更棒的了嗎？」鮑伯・法蘭克（Bob Frank）遇到景氣低迷，被公司解僱，後來創辦了RJF書店與雜貨（RJF Books and More）。他和太太在鳳凰城和明尼亞波利斯兩頭跑，他說找要販售的書，就像「每天出門尋寶」。

「有了Kindle自助出版（Kindle Direct Publishing，KDP），我一個月賺的版稅比在傳統出版社寫一年的稿件還多。我從擔心付不出帳單——有好幾個月真的付不出——進展到終於有一些存款，甚至考慮休個假。這是我好幾年沒做的事情了……亞馬遜讓我真正展翅高飛。在那之前，我被局限在一個類別，但我還有好多想寫的書。現在我可以放手去做了。我自己管理自己的生涯。我在亞馬遜感覺到自己終於有一個合作夥伴。他們了解這個行業，以對作者和讀者有利的方式改變了出版業的面貌，將選擇權交還到我們手中。」意見來自Kindle三月百大暢銷書《爸爸回來了》（*Daddy's Home*）作者亞歷山大（A. K. Alexander）。

「二〇一〇三月，我決定加入KDP的第一個月，當時我並不知道那會是決定一生的時刻。加入大約一年，我就每個月有穩定的收入，讓我可以辭掉平常的工作，專職從事文字創作！決定用KDP出版書籍簡直改變了我的一生，包括財務、個人、情感、創意等各個層面。我可以全職寫作，和家人待在家裡，想寫什麼就寫什麼，不必顧慮老派的出版商行銷團隊干預我寫的每一個字句，使我成為一名更有實力、更多產的作家，最重要一點，我變成一名快樂許多的作家……亞馬遜和KDP真的讓出版界更有創意，讓像我這樣的作家有機會實現夢想，對此我永遠心存感激。」語出Kindle暢銷書《逃》（*Run*）以及多本驚悚小說的作者布萊克．克勞奇（Blake Crouch）。

「因為亞馬遜，像我這樣的作家才能將作品呈現在讀者眼前，亞馬遜改變了我的人生。才一年多一點，我就在Kindle賣出近二十五萬冊書籍，讓從前的夢想變得更大、更美好。我有四本書擠進Kindle百大暢銷書榜。除此之外，有經紀人、海外銷售人員和兩家製片商找我接洽，《洛城時報》、《華爾街日報》和《電腦雜誌》（*PC Magazine*）都提到我，我最近接受了《今日美國》（*USA Today*）的訪問。我最高興的是，現在，每個寫作的人都有機會將作品呈現給讀者，而不必削足適履。作家有更多選項，讀者也有更多的選擇。出版界正快速改變，我打算享受過程中的每分每秒。」許多 Kindle 暢銷書出自泰瑞莎・雷根（Theresa Ragan）之手，《綁架》（*Abducted*）也是她的作品。

「年逾六十歲，碰到了景氣衰退，太太和我發現我們的收入選項非常有限。KDP 是我放手追逐畢生夢想的一次嘗試——我們能拯救財務狀況的唯一手段。使用 KDP 出版幾個月後，KDP 完全改變了我們的人生，讓像我這樣上了年紀的非小說作家，也能展開有如暢銷小說家般煥然一新的職業生涯。我無法替亞馬遜和他們提供給獨立作家的許多工具傳達出他們有多好。我非常樂於推薦作家同伴們探索並掌握 KDP 給我們的機會。我很高興地發現，這裡毫無風險——潛力卻是無窮無盡。」羅伯特・比迪納托（Robert Bidinotto）是 Kindle 暢銷書《驚悚故事：獵人》（*Hunter: A thriller*）作者。

「KDP 科技幫我一舉越過所有的傳統把關者。你能想像那種感覺嗎？為了……每一名……讀者而寫，努力奮鬥那麼久之後的感覺？現在，這些我以前永遠不會接觸到的勵志小說愛好者，從 Kindle 商店以二・九九美元購入，閱讀《無名小輩》（*Nobody*）以及我的另外兩本小說。我一直很想寫灰姑娘的故事。現在我寫出來了。感謝白馬王子（也就是 KDP），我會寫出更多故事……」克雷斯頓・梅普斯（Creston Mapes）是 Kindle 暢銷書《無名小輩》作者。

釋放創意，追求夢想

創造有許多不同的形式和規模。**徹底顛覆一切的創新事物，通常能幫助他人釋放自身的創意，追求自己的夢想**。這就是亞馬遜雲端運算服務、亞馬遜物流服務（FBA）、Kindle自助出版的主軸，我們用其打造強大的自助平台，讓成千上萬人大膽實驗，完成原本不可能完成，或實務上無法辦到的事。創新的大型平台玩的不是零和遊戲——它們開創雙贏的環境，為開發者、創業家、顧客、作家、讀者創造可觀的價值。

亞馬遜雲端運算服務發展到提供三十種服務，客戶包括數以千計的大中小型公司和獨立開發者。我們的早期AWS功能——簡易儲存服務（S3）——目前儲存超過九千億個資料物件，每天新增不只十億個新物件。S3平常每秒處理超過五十萬筆交易，尖峰時段每秒處理近一百萬筆交易。AWS服務都採隨用隨付的方式，將資本支出徹底轉變為變動成本。AWS是一種自助服務：不需要和別人商定合約條件，也不需要跟業務員打交道，上網讀一讀文件，就能開始執行。AWS服務既靈活又有彈性，可輕鬆擴大或縮減規模。

光是二〇一一年最後一季，亞馬遜物流服務就替賣家運出數千萬件商品。若賣家使用FBA，他們的商品就適用亞馬遜尊榮會員制、超省錢免運費服務，以及亞馬遜退貨流程與顧客服務。FBA採自助服務，由亞馬遜賣家中心（Amazon Seller Central）提供操作簡便的庫存管理控制台。喜歡接觸科技的人也有各種應用程式介面可以操作，我們的物流中心網絡使用起來就像一個巨型電腦周邊設備。

我特別強調這些平台具備自助服務的特色，背後有一項我認為不太容易看出的重要原因：即便把關者立意良善，也還是會拖慢創新速度。在自助平台上，就連最不可能實現的點子都有嘗試的機會，因為沒有專業把關者等在那裡，告訴你：「永遠不可能成功的！」你猜怎麼著？許多不可能實現的點子可以成功，多元變化對社會有益。

Kindle 自助出版很快就發展到驚人的規模，現在，有超過一千位 KDP 作家，每個月賣出超過一千本書，其中有幾位已經賣出數十萬本，兩位已經加入 Kindle 百萬俱樂部了。KDP 是作家的得力助手。使用 KDP 的作家保有版權及衍生權利，可依照自己的進度出版作品——在傳統出版界，通常會遲至書籍完成後一年，甚或更久才出版——而且最後最棒的是，KDP 作家能拿百分之七十的版稅。大型傳統出版商只支付電子書每本百分之十七．五的版稅（他們支付售價百分之七十當中的百分之二十五作為版稅，所以版稅只有售價的百分之十七．五）。KDP 版稅結構能徹底改變作家的生活。KDP 書籍售價通常設在友善讀者的二．九九美元，作者大約可以拿到其中的兩美元！用傳統的百分之十七．五版稅來算，售價要十一．四三美元，才能拿到同樣每本兩美元的版稅。我向你保證，比起十一．四三美元的售價，二．九九美元能讓作者賣出更多書籍。

Kindle 自助出版對讀者有利，因為讀者能享受較低的價格，但或許有一點也很重要，就是讀者也能因此接觸到更多元化的作品，因為可能會被既有出版管道拒於門外的作家，現在也有機會進入市場了。請看看 Kindle 暢銷書榜，拿它和《紐約時報》暢銷書榜比較，哪一份榜單的書籍比較多元？答案就攤在你的眼前。Kindle 排行榜上充滿小型媒體和自助出版作家的作品，而《紐約時報》排行榜上，主要是聲名卓著的成功作家。

亞馬遜人放眼未來，以徹底顛覆一切的創新事物，為成千上萬名作家、創業家、開發者創造價值。創新成為亞馬遜的第二天性，我認為亞馬遜團隊的創新腳步一天比一天快，我能向你保證，我們因此活力充沛。我深以整個團隊為榮，能在最前線參與一切，我覺得很幸運。

今天仍然是第一天！

16 渴望打動顧客是比競爭更積極的內在驅動力

二〇一二年致股東信

常讀股東信的人就知道，亞馬遜不汲汲營營於擊敗對手，我們的活力來自於渴望打動顧客的信念。我們不考慮怎麼做能將事業做到最大。兩者有利有弊，而且有很多關注競爭對手的公司經營得非常成功。我們的確會關注競爭對手，從他們身上獲得啟發，但就目前而言，以顧客為中心深植於亞馬遜文化，這是不可抹滅的事實。

顧客導向有一項優點，或許不是那麼顯而易見，那就是能讓人做起事來更積極。若全力以赴做事，你就不會等外在壓力出現才行動。**我們受內在力量驅使，在必須行動之前，自行提升服務品質、新增好處和功能**。我們在必須降價和創造價值以前，就為顧客降價和創造價值；在必須發明新事物以前，就發明新事物。做這些投資的動機是聚焦顧客，而非回應對手的競爭。我們認為這麼做能爭取顧客的信任，快速提升顧客體驗。重要的是，就連我們已經占據領先地位的領域，也同樣有效果。

「謝謝你。每次我看見亞馬遜首頁出現政策白皮書，就知道荷包又能省下一大筆比預計更多的錢。為了享受運送優惠，我註冊亞馬遜尊榮會員，現在我可以看電影、電視節目和閱讀書籍。你們一直增加服務，卻沒有多收錢。請讓我再次謝謝你們新增這些服務。」現在，我們有超過一千五百萬件商品適用於尊榮會員制，比我們在二〇〇五年推出時增加了十五倍。短短一年多，Prime即時影音（Prime Instant Video, PIV）的片單就增加了兩倍，現在有超過三萬八千部電影和電視影集。Kindle用戶借閱圖書館（Kindle Owners' Lending Library）的書籍也增加超過兩倍，有超過三十萬冊書籍，包括投資數百萬美元，將整部《哈利波特》納入書單。

我們「沒有必要」替尊榮會員制做這些投資，但選擇主動出擊。與此相關的投資包括亞馬遜物流服務（FBA），這是一項要花上許多年的重要投資。ＦＢＡ提供第三方賣家選擇，讓他們可以將庫存商品和我們的商品一起存放在物流中心網絡。這對賣家客戶大有助益，因為他們的商品適用尊榮會員制福利，能促進商品銷量，此外在購物者這邊，符合尊榮會員制的商品選項增加，對他們也有好處。

我們建立自動化系統，檢查在什麼樣的狀況下，顧客體驗不符標準，然後系統會主動退款給客戶。一位業界觀察家最近從我們這裡收到自動寄出的電子郵件，信中寫著：「我們留意到，您從亞馬遜隨選影片（Amazon Video on Demand）租看以下電影：《北非諜影》，倒帶時觀賞品質不佳。抱歉造成您的不便，我們已退還以下款項：二．九九美元。希望您很快再次使用我們的服務。」他對亞馬遜主動退款覺得很驚訝，針對這次經驗寫下：「亞馬遜『留意到我在倒帶時觀賞品質不佳……』他們決定因為那樣而退錢給我？哇……這才叫以客為尊。」

如果你在亞馬遜上購買預售商品，我們可以向你保證，從你下訂單到上市那一天，可以從我們這裡買到最便宜的價格。「我剛才收到通知，因為預售商品價格保護機制，我的信用卡帳戶有一筆五美元的退款……怎麼有這麼棒的交易！真的很謝謝你們用公平誠實的態度做生意。」大部分的顧客都太過忙碌，無法在預訂後自己監控商品價格，我們大可制訂政策，要求顧客聯絡我們申請退款。主動退款比較花錢，但也能達到給顧客驚喜、贏取信任的效果。

我們的顧客裡也有一些是作家。亞馬遜出版最近宣布，要開始每個月支付版稅，採六十天後付款制。業界標準做法為一年支付兩次版稅，做法行之有年。但我們詢問作家用戶，發現付款時間隔太久是他們最不滿意的地方。想像一下，如果你每一年只收到兩次薪水，你會喜歡這樣的做法嗎？我們不是在競爭壓力下，非得打破每六個月支付一次款項的常規不可，我們是主動這麼做。

順帶一提，雖然調查起來很不容易，但我還是想辦法完成了，可以很開心地向各位報告，我最近在佛羅里達海灘看見很多人使用 Kindle。Kindle 總共出了五代，我相信除了第一代，其他五代都還有人使用。我們的商業方針是以約莫損益兩平的價格，販售品質優良的硬體裝置。我們希望在大家使用裝置時賺錢，而不是在顧客購買裝置時賺錢。我們認為這樣能更貼近顧客。舉例來說，我們不必吸引顧客為了新機一買再買。我們非常樂見人們還在使用四年前的舊 Kindle！

我可以繼續舉例，像是 Kindle Fire 平板的休閒時光功能、我們的顧客服務「安燈線」（Andon Cord）、亞馬遜 MP3 的 AutoRip 服務。最後，我要用一個簡明扼要的例子來說明什麼是內在動力：亞馬遜雲端運算服務（AWS）。

二〇一二年，AWS 推出一百五十九項新功能與服務。與七年前推出 AWS 相比，價格降低了百分之二十七，加入更強大的企業服務支援，並開發創新工具來協助用戶提高效率。AWS 的信任顧問（Trusted Advisor）會監控顧客的設定，與已知最佳實務互相比照，然後通知用戶能如何提振績效、加強安全措施、節省金錢。是的，我們主動告知用戶不必付給我們這麼多錢。服務才剛上線沒多久，九十天以來，信任顧問已經幫用戶省下數百萬美元。AWS 已經是業界公認的翹楚，我們達成了種種成就，你或許會因此擔心，外在動力對我們沒用。換個角度來看，讓顧客驚豔的驅動力，這項內在動力正在帶領我們快速創新。

我們對尊榮會員制、AWS、Kindle、數位媒體和整體顧客體驗的鉅額投資，被某些人認為太過慷慨，忽視股東權益，甚至不像個營利企業。有位外部觀察者說：「亞馬遜，在我看，是個由部分投資人為消費者利益而經營的慈善組織」。但我不同意。對我來說，以勉強及時的方式不斷改進，不過是小聰明，在我們所處的變化快速世界風險太高。我認為更根本的做法是要靠長遠思維，才能創造奇蹟。超前取悅消費者能夠贏得其信任，這也將贏得他們的更多生意，包括在新商業場域也是如此。採取長遠觀點，就能讓消費者和股東的利益並駕齊驅。

寫下這些話的時候，亞馬遜近期的股價表現很好，但我們不斷提醒自己要記住一件很重要的事，如同我經常在員工大會上引述知名投資人班傑明．葛拉漢說過的話，「短期來看，股市是投票機，而在長期，股市是一只秤子。」我們不會像慶祝創造美好的顧客體驗那樣，去宣揚股價上漲了一成。我們不會因為那樣而比以前聰明百分之十，反過來說，也不會因為股價下跌而變笨百分之十。我們希望能秤出真實的價值，努力打造自身成為更有份量的公司，並且始終如一。

對於我們的進展和創新發明，我深感驕傲，我知道我們會在過程中出差錯，有一些是我們自己犯下的錯誤，有一些是因為有聰明的競爭對手與我們較勁。我們對創新抱持熱情，將會促使我們探索狹小的道路，其中有許多難免走成一條死路。可是，只要有些許的好運，也有幾條會愈走愈寬，成為光明大道。

我何其幸運能夠身在這個大家庭裡，與許多傑出的傳教士型成員共事；他們與我一樣重視顧客，日復一日辛勤工作，實踐這份重視。

17 WOW！

二〇一三年致股東信

過去這一年，亞馬遜的所有團隊都替顧客繳出一張漂亮的成績單，對此，我深感驕傲。全世界的亞馬遜人讓商品和服務變得更棒，超越預期或必須做到的程度，他們運用長期思維、在既有的事物上重新創造，讓顧客驚喜得發出「哇」。

我要從尊榮會員制、亞馬遜微笑計畫（Amazon Smile）到 Mayday 顧客服務，帶各位簡短認識我們的計畫。希望能讓你了解亞馬遜在做哪些事，以及推動這些計畫多令人興奮。這許許多多的計畫之所以能夠實現，要歸功公司各層級都有一大群才華洋溢的員工，每天在工作中發揮良好的判斷力，總是不停探問：我們如何做得更好？

好，我們來認識這些計畫吧。

尊榮會員制

尊榮會員制深得顧客的心。光是十二月第三週，就有超過一百萬名顧客加入尊榮會員制，而且目前我們在全世界有數千萬名尊榮會員。每一名尊榮會員訂購的商品數量比從前更多，類別也比從前更豐富。就連公司內部的同仁也忘記了，九年前推出的時候，尊榮會員制還是一種未經證實（有人甚至形容這麼做很魯莽）的新概念：固定收取一筆年費，就能享受數量無限制的兩日運送到府服務。當時，適用尊榮會員制的商品共一百萬件。今年，符合資格的商品超過二千萬件，數量持續增加。我們也從其他方式精進尊榮會員制，包括加入新的數位優惠功能，例如：Kindle 用戶借閱圖書館和 Prime 即時影音。我們不會就此停下腳步，還有很多讓尊榮會員制更上層樓的構想。

讀者與作家

我們為讀者傾力投資。全新高解析、高對比 Kindle Paperwhite 上市後大獲好評。我們將功能強大的閱讀分享網站 Goodreads 整合進 Kindle 閱讀器、為 Kindle 推出休閒時光功能，並在印度、墨西哥和澳洲推出 Kindle。美國聯邦航空總署允許乘客在飛機起降時使用電子設備，讓航程更愉快。我們的公共政策團隊在許多夥伴的協助下，以耐心努力了四年才獲得批准，有一次為了測試，甚至在飛機上同時啟用一百五十台Kindle。是的，毫無問題！

繼「創造空間」（CreateSpace）、Kindle單行本（Kindle Singles）、Kindle自助出版，我們又推出了新服務Kindle世界（Kindle Worlds）、文學期刊《第一天》（*Day One*）以及八間新的亞馬遜出版社，並在英國和德國推出亞馬遜出版服務。數以千計的作家正在使用這些服務，替自己打造成就感十足的寫作生涯。好多人寫信告訴我們，在我們的幫助下孩子可以去念大學、負得起醫藥費或是買房子了。我們是推廣閱讀的傳教士，這些事蹟激勵我們繼續為了作家和讀者，投入更多資源。

Prime即時影音

從新顧客和回頭客人數，到整體流量，Prime即時影音（PIV）在各項指標上，都有驚人成長。這些產出指標顯示，我們在朝對的方向前進、專注在對的投資上。其中有兩項關鍵投入：增加選項，以及提升選項吸引力。我們在二〇一一年推出有五千部影音作品的PIV服務，現在選項增加到超過五萬部電影和電視影集——皆適用於各位的尊榮會員制。PIV獨家提供上百部熱門電視影集，有《唐頓莊園》（*Downton Abbey*）、收視長虹的《穹頂之下》

（*Under the Dome*）、《美國諜夢》（*The Americans*）、《火線警探》（*Justified*）、《格林》（*Grimm*）、《黑色孤兒》（*Orphan Black*），以及《海綿寶寶》、《愛探險的朵拉》（*Dora the Explorer*）、《藍色斑點狗》（*Blue's Clues*）等兒童節目。除此之外，亞馬遜影業團隊持續大力投入開發原創內容。由約翰·古德曼（John Goodman）主演，蓋瑞·杜魯道（Garry Trudeau）製作的節目《阿爾法屋》（*Alpha House*）去年才推出就竄升為亞馬遜的收視冠軍。我們最近打算再製作六檔原創節目，包括麥可·康納利（Michael Connelly）的《傲骨博斯》（*Bosch*）、以《X檔案》聞名的克里斯·卡特（Chris Carter）所製作的《末日之後》（*The After*）、羅曼·柯波拉（Roman Coppola）和傑森·薛茲曼（Jason Schwartzman）製作的《叢林中的莫札特》（*Mozart in the Jungle*），以及吉兒·索洛威（Jill Soloway）的傑出之作《透明家庭》（*Transparent*）——有些人說這是多年難得一見的佳劇。我們喜歡這樣的模式，最近，也在英國和德國以相同方式推出ＰＩＶ。這兩個國家的早期用戶反應熱烈，超乎我們的想像。

亞馬遜電視盒

經過兩年的努力，就在上週，我們的硬體團隊推出了亞馬遜電視盒。除了是最適合用來觀賞亞馬遜影音節目的管道，用戶也可以用亞馬遜電視盒觀看非亞馬遜的內容服務平台，例如

Netflix、Hulu Plus 網站、VEVO、WatchESPN 應用程式等諸多媒體。先前這個領域硬體較弱，但亞馬遜電視盒的硬體規格非常高。使用者可以清楚感受到，亞馬遜電視盒運作起來快速流暢，而且我們的「進階串流與預測」（Advanced Streaming and Prediction）技術能事先預測你可能想觀看的節目，進行前置緩衝，隨開即看。我們的團隊還在遙控器裡裝入小型麥克風。按住遙控器上的麥克風按鈕就能用語音輸入搜尋關鍵字，不必在字母欄裡打字。亞馬遜團隊做得非常好，語音搜尋確實可行。

除了 Prime 即時影音，亞馬遜電視盒也能讓你即時觀賞超過二十萬部隨選電影和電視影集，包括《地心引力》、《自由之心》、《藥命俱樂部》（*Dallas Buyers Club*）和《冰雪奇緣》等諸多影視作品。亞馬遜電視盒還有一項好處，就是可以用放在客廳的電視機，打物超所值的電玩遊戲。希望你試用看看。如果你試用了，請告訴我們心得感想。我們的團隊會很樂意收到意見回饋。

亞馬遜遊戲工作室（Amazon Game Studios）

二十二世紀初，外星物種尼阿圖威脅地球。外星人用電腦病毒感染地球的能源網，導致地球防衛系統癱瘓。

電腦科學天才艾美・拉馬努金在外星人出手前及時消除病毒，拯救了這個星球。現在，尼阿圖族又來了，拉馬努金博士必須防範外星人對地球全面進攻。她需要你的協助。

亞馬遜遊戲工作室為亞馬遜電視盒獨家製作的第一部電玩遊戲《塞夫：零世代》（*Sev Zero*），從這段話展開劇情。製作團隊將塔防遊戲和射擊遊戲結合，打造出一種合作模式，讓一名玩家用電玩搖桿在地面帶領隊友，另一名玩家則用平板提供空中支援。我向你保證，及時加入的空中火力支援會令人感激萬分、熱血沸騰，到時，你也許會很驚訝，用便宜的串流媒體裝置也能玩到高水準的電動遊戲。我們正在從零到有，為亞馬遜Fire平板電腦和亞馬遜電視盒打造一系列具有新意、畫面精美的電動遊戲，《塞夫：零世代》只是起步而已。

亞馬遜應用程式商店（Amazon Appstore）

亞馬遜應用程式商店現在服務將近二百個國家的顧客。商品選項更多了，包含由全球頂尖開發者所開發的應用程式和遊戲，數量超過二十萬種——一年以來，成長將近三倍。我們推出虛擬貨幣「亞馬遜幣」（Amazon Coins），可以替購買應用程式或使用程式內購買的顧客節省高達百分之十的開支。我們的遊戲技術「Whispersync同步服務」能讓你在一部裝置上玩遊戲，換到另外一部裝置也能接著玩，不需重頭來過。開發者可透過「行動夥伴」（Mobile Associates）計畫，在應用程式置入上百萬種亞馬遜網站販售的實體商品，並在顧客購買商品時賺取傭金。我們推出行銷計畫「應用程式商店開發者精選」（Appstore Developer Select），在Kindle Fire平板電腦和亞馬遜行動廣告網絡（Amazon Mobile Ad Network）宣傳新的應用程式和遊戲。我們打造分析和A／B測試服務，讓開發者免費追蹤使用者參與情形，盡可能改善iOS、安卓和Fire OS系統上的應用程式。除此之外，在今年，我們展臂歡迎HTML5網路應用程式開發者的加入。現在，他們也能在Kindle Fire和亞馬遜應用程式商店，提供自己的應用程式。

亞馬遜有聲書（Spoken Word Audio）

對全球最大有聲書製造商、經銷商Audible來說，二〇一三年是其重要的里程碑。Audible讓你可以在眼睛沒空時也能閱讀。數百萬名用戶透過Audible下載上億本書籍和其他的有聲節目。二〇一三年，Audible用戶下載了將近六億個小時的有聲內容。多虧有Audible Studios，大家才能在開車上班途中，聽著凱特·溫斯蕾、柯林·佛斯、安·海瑟威和許多明星的聲音。由傑克·葛倫霍（Jake Gyllenhaal）參與聲音演出的《大亨小傳》，在二〇一三年大紅大紫，已經售出十萬套了。Whispersync 語音同步服務讓用戶順暢地一下子用 Kindle 看書，一下子用智慧型手機聽同一本 Audible 有聲書。《華爾街日報》說 Whispersync 語音同步服務是「亞馬遜的新殺手級書籍應用程式」。如果你還沒用過，推薦你試用看看——很有趣又能增加可以用來閱讀的時間。

新鮮食品雜貨

亞馬遜生鮮（Amazon Fresh）服務在在西雅圖試辦五年後（沒有人怪我們沒有足夠的耐心），我們將亞馬遜生鮮拓展到洛杉磯和舊金山。尊榮生鮮會員支付二百九十九美元的年費，可以在當日或一大早收到新鮮的食品雜貨，以及超過五十萬種商品，包括玩具、電子產品以及家庭用品。我們也和最受歡迎的當地商家合作，包括比佛利山莊起司店（The Cheese Store of Beverly Hills）、派克魚舖（Pike Place Fish Market）、舊金山葡萄酒貿易公司（San Francisco Wine Trading Company）以及許多其他夥伴，將各式各樣現成食品和精選商品以同樣便利的方式宅配到府。我們會維持井井有條的做法，評估亞馬遜生鮮的服務並使之更上層樓，希望能夠在長期將這項卓越的服務推廣到更多城市。

亞馬遜雲端運算服務（AWS）

AWS八歲了，而且AWS團隊的創新步伐愈來愈快。二〇一〇年，我們推出六十一項重要的服務和功能；二〇一一年，推出八十二項；二〇一二年，一百五十九項；二〇一三年，二百八十項。我們也將足跡拓展到更多地方。現在，AWS在全世界的服務分成十個地理區域，包括美國東海岸、兩個美國西岸地區、歐洲、新加坡、東京、雪梨、巴西、中國，以及限政府機構使用的政府雲端服務（GovCloud）。在我們的內容傳遞網絡，這些地理區域包含二十六個可用區域（availability zone），以及五十一個節點（edge locations）。開發團隊直接與用戶合作，能夠根據經驗設計、打造和推出內容。我們不斷反覆修改，待功能或加強版夠好之時推出，立刻提供給所有成員。這是一種步調快速、以用戶為中心又有效率的做法，幫助我們在過去八年讓價格降低超過四十倍，而且AWS團隊不會就此放慢腳步。

員工賦權

我們挑戰自我，不僅要對外發明新的功能，還要在內部找出更好的做事方法，這牽涉到如何讓我們做起事來更有成效，同時能為我們在全世界成千上萬名員工帶來益處。

我們的職涯選擇計畫（Career Choice）會預先支付百分之九十五的課程費用，讓員工在有高度需求的領域進修，例如飛機維修或護理學，不需考慮這項技能是否與員工在亞馬遜從事的工作相關。計畫目標是讓員工有所選擇。我們知道，有些在物流中心工作的人打算在亞馬遜發展職業生涯，但對其他員工來說，亞馬遜可能是轉換其他工作的踏腳石，而另外那份工作需要具備新的技能。如果適當的訓練能帶來幫助，我們很樂意幫忙。

第二項計畫叫「離職金」（Pay to Quit），發明者是Zappos公司裡的天才，亞馬遜將其修改並發揚光大。離職金的概念很簡單。我們每一年付錢讓員工離職。第一年請領資遣費，可以拿到二千美元，之後每年調漲一千美元，最高五千美元。這個方案的標題寫著「請不要領這筆錢」（Please Don't Take This Offer）。我們希望員工不要領這筆錢，我們要的是留下員工。為什麼要提供這筆款項呢？給這筆錢的目的是鼓勵大家花點時間想一想自己真正想要的東西。長期來看，如果員工待在他們不想待的地方，這對員工或公司都不是一件健康的事。

第三件向內創新是我們的虛擬客服中心（Visual Contact Center）。我們在幾年前就有這個點子，這幾年下來不斷擴大，發展得非常成功。參與這項計畫的員工可以在家工作，為亞馬遜和Kindle的顧客提供支援服務。這是適合許多員工的彈性做法，理由可能是家裡有年幼的孩子，或有其他因素，讓他們無法或是傾向不要離家工作。虛擬客服中心是我們在美國成長速度最快的「據點」，目前在超過十個州提供這項服務。成長腳步不會停歇，我們希望二〇一四年虛擬客服中心跨足的州數能翻倍。

聘僱退伍軍人

我們要找的是具有發明能力、能夠宏觀思考、凡事起而行、能為顧客創造效益的人，曾經入伍為國效力的人士對這些原則應該很熟悉，而且我們認為，他們擁有帶人的經驗，在像我們這樣步調快速的工作環境非常寶貴。我們加入「支持軍隊」（Joining Forces）和「十萬就業機會」（100,000 Jobs Mission）——這兩項全國性的計畫，旨在鼓勵企業為軍人與眷屬提供就業機會和支持。去年，我們的軍事人才（Military Talent）團隊參加超過五十場的徵才活動，幫助退伍軍人在亞馬遜找到就業機會。二〇一三年，我們僱用超過一千九百名退伍軍人。退伍軍人加入亞馬遜的團隊後，我們會有許多計畫協助他們順利轉入民間職場，也幫助他們融入公司內部的退伍軍人團體，得到需要的指導與支援。因為這些計畫，《美國軍人就業雜誌》（*G.I. Jobs Magazine*）、《美國退伍軍人雜誌》（*U.S. Veterans Magazine*）、《軍職人員配偶雜誌》（*Military Spouse Magazine*）肯定我們是傑出的雇主。我們會在公司成長的同時，繼續投入資源僱用退伍軍人。

創新物流

十九年前，我每天傍晚把亞馬遜包裹放在雪佛蘭Blazer的後車廂，開車載到郵局。那時我就野心勃勃夢想著有朝一日能夠擁有一台堆高機。時間快轉，今時今日，我們擁有九十六間物流中心（FC），而且第七代正在設計當中。我們有傑出的經營團隊，做事井井有條，又有方法。我們的「改善」（Kaizen）計畫——這個詞彙來自日文，意思是「為了更好而改變」——讓員工在小團隊裡工作，達到簡化流程、減少缺點和浪費的目的。我們的「地球改善計畫」（Earth Kaizens）會擬訂能源減量、回收和其他環保目標。二〇一三年，有超過四千七百位同仁，加入一千一百個改善計畫。

精密的軟體是FC的關鍵所在。今年，我們在FC網絡進行了二百八十次重大的軟體升級活動。我們的目標是持續修改，讓這些建築物的設計、配置、科技、運作能夠更上層樓，確保我們所打造的每一間設施都能比從前更好。請各位親自來我們的FC看一看。我們有開放給六歲以上社會大眾參觀的物流中心導覽服務。你可以在www.amazon.com/fctours查到導覽開放資訊。每次前往我們的FC，我都覺得很不可思議，希望你能參加一場導覽之旅，相信你會印象深刻。

市中心園區

二〇一三年，我們在西雅圖新增了四十二萬平方英尺的新總部空間，並動工建造數百萬平方英尺、占地四個街區的新建物。我們的確可以為了省錢蓋在郊區，但我們有必要待在城市裡。園區設在市中心比較環保。我們的員工可以從現有通勤方式和大眾運輸設施享受到好處，比較不需要依賴開車。我們投資鋪設自行車專用道，提供安全、無污染、簡便的上班方式。許多員工可以住在附近，完全不必通勤上班，可以步行抵達辦公室。雖然提不出證據，但我也相信，市中心的總部有助於讓亞馬遜更有活力、吸引適合的人才，而且對我們的員工和西雅圖市的健康和福祉都有助益。

快速出貨

我們和美國郵政總局（United States Postal Service）合作，開先例在特定城市提供週日配送服務。週日配送對亞馬遜顧客有好處，我們規畫在二〇一四年擴大適用於更多美國人口。我們已經在貨運公司無法支援貨運高峰的英國，打造屬於我們的最後一哩快遞網絡。在貨運基礎設施尚未成熟的印度和中國，你可以看見亞馬遜腳踏車快遞員，在大城市穿梭送包裹。我們還會推出更多創新服務。尊榮航空（Prime Air）團隊已經在對我們的第五代和第六代無人機進行飛行測試，第七代和第八代已經進入設計階段。

不斷實驗

我們擁有自己的內部實驗平台，名稱叫作「網路實驗室」（Weblab），用來評估網站和產品的改善情形。二〇一三年，我們在全世界共有一千九百七十六間網路實驗室，多於二〇一二年的一千零九十二間，以及二〇一一年的五百四十六間。我們最近推出的新功能「詢問使用者」（Ask an Owner）很成功。許多年前我們開創先河，提出了線上顧客評價的點子，由顧客針對某樣商品提供意見，幫助其他顧客做資訊充分的購買決定。「詢問使用者」延續這項傳統，讓顧客在商品頁面，提出任何與商品相關的問題。**這件商品和我們電視／音響／個人電腦規格相容嗎？容易組裝嗎？電池續航力如何？我們會將這些問題轉達給曾經購買的用戶**。就像購買評論那樣，顧客都很樂意分享他們知道的資訊，幫助其他想要購買的人。顧客已經提出並回答數百萬則問題了。

服裝與鞋子

亞馬遜時尚（Amazon Fashion）商機蓬勃。一流品牌認同亞馬遜可幫助他們接觸關心時尚、不吝展現自我的顧客，顧客則是喜歡我們有形形色色的商品、免費退貨政策、詳細的商品照片，以及呈現模特兒走動、轉身時衣物擺動和垂墜效果的短片。我們在布魯克林設立一間占地四萬平方英尺的新攝影工作室，現在這間工作室的二十八間攝影棚，每天平均拍攝一萬零四百一十三張照片。為了慶祝開幕，當時我們舉辦了一場設計大賽。有來自普瑞特藝術學院（Pratt Institute）、帕森設計學院（Parsons School of Design）、視覺藝術學院（School of Visual Arts）、紐約時尚設計學院（Fashion Institute of Technology）的學生參加比賽。評審委員會的成員都是業界佼佼者，有史蒂芬·科柏（Steven Kolb）、陳怡樺（Eva Chen）、林健誠（Derek Lam）、翠西·瑞斯（Tracy Reese）和史蒂芬·艾倫（Steven Alan）。恭喜帕森設計學院奪冠。

不惱人包裝（Frustration-Free Packaging）

我們正如火如荼地對抗惱人的束帶和塑膠包裝盒。五年前，這項計畫因為一個簡單的構想而展開。當時我們希望，你不必冒著弄傷自己的風險拆開新電子產品或玩具的包裝，現在計畫已普及到二十多萬種商品。所有包裝都是可簡單開啟和回收的設計，旨在減輕「拆箱怒」，並幫助地球減少包裝廢棄物。二千多家製造商參與我們的不惱人包裝計畫，包括費雪（Fisher-Price）、美泰兒（Mattel）、聯合利華（Unilever）、貝爾金（Belkin）、瑞士維氏（Victorinox Swiss Army）、羅技（Logitech）等諸多品牌。目前我們將數百萬件無煩惱商品運至一百七十五個國家。我們也替顧客省下不必要的浪費，至今減少了約一千五百萬公斤的過度包裝耗材。這項計畫完美展現出，有如傳教士般的團隊是如何專心致志地服務顧客。他們堅持不懈，努力工作，最初僅十九項產品適用的點子，現在已經適用於數十萬件商品，讓上百萬名顧客受益於此。

亞馬遜物流服務（FBA）

去年，使用亞馬遜物流服務的賣家數量成長超過百分之六十五。這樣的成長幅度實在非比尋常。ＦＢＡ有許多獨到之處。你很少能用一項計畫，令兩方客戶同時滿意。賣家可以透過ＦＢＡ將商品存放在我們的物流中心，由我們撿貨、包裝、運送和為這些商品提供顧客服務。賣家可以利用這世界一流的物流網絡，輕鬆將營業規模擴大到足以服務上百萬名顧客。而且這些不是一般的顧客，而是亞馬遜尊榮會員。FBA商品適用尊榮會員制的兩日免運服務。顧客則是能夠買到更多樣化的商品，尊榮會員制的效益更高了。此外，加入FBA的賣家自然會發現自己銷售量增加了。根據一份二〇一三年的調查，大約每四名FBA使用者，就有三名表示，加入FBA以後，在亞馬遜網站的銷售量，增加超過百分之二十。這是雙贏。

「我從來沒有請過像FBA這麼棒的員工……某天早上我醒來看見FBA送出五十件商品。自從我發現可以在睡覺時賣東西，做生意變得不費吹灰之力。」

——山尼．夏克（Thanny Schuck），極限運動有限公司（Action Sports LLC）

「我們從沒沒無聞的小牌子起家，不太容易有零售商願意在店內擺放我們的商品。亞馬遜上沒有這種阻礙。亞馬遜的美妙之處在於，某個人可以說『我想開始做生意』，然後就到亞馬遜上，真的開始經營起生意來。你不必租用實體店面，剛開始甚至不需要請任何一名員工。你可以靠自己，我就是這樣開始的。」

——溫德爾．莫里斯（Wendell Morris），瑜伽鼠公司（YogaRat）

亞馬遜登入付款服務

這幾年來，亞馬遜顧客可以使用儲存在亞馬遜帳號裡的信用卡和地址資訊，在Kickstarter募資平台、SmugMug 網站和 Gogo 機上網路公司（Gogo Inflight）等網路平台上支付款項。今年我們將這項服務擴大到讓顧客可以用亞馬遜帳號資訊登入，不必麻煩多記其他帳號名稱和密碼。對顧客來說很方便，對商家來說則是促進生意的好方法。網路家具零售商賽邁克斯商店（Cymax Stores）已經從登入付款服務受益良多。現在，登入付款服務占所有訂單百分之二十，帳號註冊數是以前的三倍，而且一開始的三個月購物轉換率增長百分之三．一五。例子還有很多，我們在許多合作夥伴身上看見類似成果，亞馬遜團隊對此心情振奮、備感欣慰。你可以期待我們在二〇一四年更上層樓。

亞馬遜微笑計畫

二〇一三年，我們推出亞馬遜微笑計畫，顧客可以透過這個簡單的方法，在每一次的購物，支持他們屬意的慈善機構。當你透過 smile.amazon.com 購物，亞馬遜會將售價的一部分捐贈給你選擇的慈善團體。你在微笑計畫網站上看到的商品選項、價格、運費選項、尊榮會員制條件，都和平常的亞馬遜網站一樣——甚至會看見一模一樣的購物車和願望清單。除了你能想到的大型美國慈善機構，你也可以指定捐贈給在地的兒童醫院、母校的親師會或任何你想捐助的團體。共有將近一百萬間慈善機構可以選擇。希望你會在名單上找到屬意的機構。

Mayday 客服按鈕

「不只裝置超讚的，而且 Mayday 客服功能也棒呆了！！！！！Kindle 團隊推出這項功能實在太成功了。」

「我剛才在我的 HDX 平板上試用 Mayday 客服按鈕，十五秒就有回音……亞馬遜再次辦到了，真佩服。」

亞馬遜人最開心的就是「重新發明正常事物」——打造顧客喜歡的新事物，改變顧客對何謂正常的定義。Mayday 客服重新塑造及革新「裝置上技術支援」的概念。按下 Mayday 客服按鈕，會有一名亞馬遜專家出現在你的 Kindle Fire HDX 平板螢幕上，用在螢幕上畫圖輔助操作各種功能，仔細為你講解如何自行操作，或是替你操作，以你方便為主。Mayday 客服三百六十五天全年無休，我們將目標設在十五秒之內回應顧客，並且打破了這項目標，在最忙碌的聖誕節當天，平均回應時間也只花九秒鐘。

Mayday 顧客服務功能發生過幾件趣事。顧客向 Mayday 技術顧問求婚三十五次，四百七十五名顧客指定要和我們的 Mayday 電視廣告主角艾咪（Amy）講話。有一百零九次 Mayday 服務是顧客要我們幫忙訂披薩，訂必勝客的客人，比訂達美樂的客人稍微多一些。Mayday 技術顧問為顧客唱了四十四次生日快樂歌。顧客在晚上對 Mayday 技術顧問唱了六百四十八次情歌。有三名顧客要求顧問講枕邊故事。太妙了。

希望你能從這裡大致了解我們的機會在哪裡、計畫是什麼，以及這些機會和計畫背後的發明精神與追求卓越品質的動力。我再次強調，這些只是一部分，還有許多信裡沒有提到的計畫，和我特別提及的計畫同樣值得期待、具重要性又有意思。

我們非常幸運能擁有一大群善於創造的團隊，以及有耐心、勇於開拓、抱持顧客優先的文化。這樣的文化使亞馬遜全公司上下，每一天都在為顧客發明大大小小的新事物。將創新的能力散播在整間公司，而不局限於公司的高階管理人，唯有這麼做，才能成就穩健、生產力高的創新活動。我們在做的事既有挑戰性又有趣——我們是為未來而工作。失敗是創新的重要環節，不是一種選擇。我們明白這點，相信我們必須要儘早失敗並反覆修正，直到把事情做對為止。當這個過程成功的時候，代表我們的失敗相對來說實在微不足道（大部分的實驗剛開始規模都很小），而當我們成功為顧客開發出真正有用的東西，此時我們會加碼投入，希望能將成功的經驗擴大。不過，情況並不一定總是很明朗。發明是混亂的過程，日後一定會有大賭注遭逢挫敗。

最後，我要緬懷喬依．科維（Joy Covey）。喬依是亞馬遜創立初期的財務長，在公司留下永難忘懷的印記。喬依是聰明、熱情又非常有趣的人。她經常面帶微笑，總是睜著一雙大眼睛，什麼都逃不過她的雙眼。比起入眼的光影，她更重視事物的本質。她是個善於用長遠角度思考的人，很有骨氣又無所畏懼。她對我們這些高層主管和亞馬遜的公司文化影響深遠。她的一部分會繼續留在這裡，確保我們注意細節、看見我們的周遭環境並樂在其中。

身為亞馬遜團隊的一員，何其幸運。今天仍然是第一天。

18 勇敢下注三大創新

二〇一四年致股東信

一個令人夢寐以求的生意至少要符合四項特質：受顧客喜愛、可擴張至極大規模、資本報酬可觀、歷久不衰（有維持數十年的潛力）。若你找到了，可別像在交友軟體那樣滑掉，結婚吧。

這個嘛，我可以告訴大家，幸好亞馬遜沒有遵循單一配偶制。經過二十年的冒險和團隊合作，以及在這一路上幸運地受到大家慷慨相助，現在，亞馬遜與我心目中三個符合前述條件的人生伴侶，幸福地結為連理。他們分別是亞馬遜市集、尊榮會員制和AWS。起初這三項服務都是大膽賭注，有一些明智的人擔心會無法成功（他們經常擔心！）。但此時此刻我們已清楚知道，這三項服務有多特別，推動計畫的我們是何其幸運。我們也很清楚，商場上不進則退，明白必須時時支持鞏固這些計畫。

我們會用平常使用的工具來完成這項工作：以顧客為中心而非關注競爭對手、熱衷發明新事物、致力於卓越經營、願意採用長期思維。如果執行得當，加上一點延續下去的好運氣，亞馬遜市集、尊榮會員制和 AWS 能在未來數年，繼續服務顧客並為公司賺錢。

亞馬遜市集

亞馬遜市集起步時並不順利。一開始，我們推出亞馬遜拍賣，加上我的父母和兄弟姐妹，我想應該是七名顧客。亞馬遜拍賣轉型成線上交易市集 zShops，基本上這是價格固定的亞馬遜拍賣服務。這一次，一樣沒有顧客上門。但後來我們將 zShops 改成亞馬遜市集。我們的內部人員稱亞馬遜市集為「SDP」，意思是單獨資訊頁面（Single Detail Page），概念是提供我們最珍貴的零售地盤——也就是我們的商品資訊業面——讓第三方賣家和我們自己的零售品項經理競爭。對顧客來說這樣比較方便，一年內，銷售量就占百分之五。今天，在我們這裡賣出的商品件數，有百分之四十以上，是由全世界超過二百萬個第三方賣家所提供的。二〇一四年，顧客從賣家那裡訂購超過二十億件商品。

混合模式成功運作，而且亞馬遜飛輪讓速度加快。起初吸引顧客的是亞馬遜有快速增加的商品選項，除了提供優惠的價格之外，還有優質的購物經驗。此時，我們讓第三方賣家一起提供商品，更能吸引顧客上門，進而吸引到更多賣家。如此一來也能擴大我們的規模經濟，在過程中降低價格並針對符合條件的訂單提供免運服務。我們在美國推出這些計畫之後，也盡可能快速拓展到其他地區。因此，亞馬遜市集與我們在全球各地的網站順利整合。

我們努力減少賣家的工作量，提高成功經營事業的機率。我們透過銷售教練計畫（Selling Coach）打造出一連串運作穩定的自動化機器學習「推力」（在尋常的週間可以產生超過七千萬次業績推力），我們提醒賣家是時候補貨了、應該要增加商品選項或是降價提高競爭力。這些推力能為賣家多創造數十億美元的業績。

為了將亞馬遜市集拓展到全球，我們現在在幫助亞馬遜販售地區的賣家（包括來自無亞馬遜網頁的國家的賣家），接觸到所屬地區以外的其他國家顧客。去年我們有來自超過一百個國家的商家，並協助他們與一百八十五個國家的顧客連結。

目前，在第三方的所有銷售商品裡，有將近五分之一出售給賣家所屬國家以外的顧客，去年商家的跨國業績成長將近一倍。在歐盟地區，賣家設立一個帳號就能用不同的語言經營生意，在五個歐盟國家的網站上提供商品。再近期一點，我們是開始為賣家整併跨國運送商品，協助他們以優惠的大宗海運費率，從亞洲將貨品運到歐洲及北美地區。

我們在印度販售的商品都是第三方賣家提供的，所以在印度，亞馬遜市集是成長快速的核心事業。現在印度亞馬遜提供的商品選項，數量超越印度的任何一個電商網站，有超過二萬一千名賣家，在印度亞馬遜上提供二千萬種以上的商品。我們的便捷配送服務（Easy Ship）負責從賣家那裡收取商品，一路配送到終端顧客的手中。印度團隊最近以便捷配送服務為基礎，嘗試推出「奇拉納速達」（Kirana Now）服務，從名為奇拉納（家庭式）的商店，在二到四小時內將日用品配送給顧客，為我們的顧客增加便利性，也為加入服務的商家衝業績。

或許對賣家而言最重要的是我們打造了亞馬遜物流服務。但我想先聊一聊尊榮會員制，再回來談亞馬遜物流服務。

亞馬遜尊榮會員制

我們在十年前推出了亞馬遜尊榮會員制，一開始就設計成吃到飽快速免運到府服務。大家一再告訴我們，這是一步險棋，在某些方面的確如此。頭一年我們為此損失數百萬美元的運費收入，而且沒有任何一項數據直接告訴我們這麼做是值得的。我們決定繼續執行的理由是先前推出超省錢免運費服務的成果，而且直覺告訴我們，顧客很快就會明白，擺在他們眼前的是購物史上最划算的交易。除此之外，分析結果告訴我們，如果我們做大規模，就能大幅降低快速運送到府的成本。

尊榮會員制的基礎建立在我們的自有庫存零售事業上。除了成立零售團隊，打造專屬於某個零售類別的網路「商店」，我們還建立大規模系統，以自動化的方式處理許多銷售補貨、存貨異動、商品訂價工作。尊榮會員制承諾顧客在一定的時間內送貨到府，要做到如此精準，物流中心必須以全新的方式運作——能夠辦到，是全球經營團隊的大功勞。我們的全球物流中心網絡，從二〇〇五年推出尊榮會員制之時的十三間，增加到今年的一百零九間。我們目前正在設計第八代物流中心，以專有軟體管理商品的收件、儲存、揀選和出貨事宜。我們最初在二〇一二年收購了奇瓦（Kiva），後來更名為亞馬遜機器人公司（Amazon Robotics），現在亞馬遜機器人公司採用超過十五萬個機器人，用前所未見的高密集度和低成本支援倉儲和揀貨工作。我們的自有庫存零售事業依然是尊榮會員制裡最能吸引顧客的利器，也是拓展商品類別並進一步吸引流量和第三方賣家的重要環節。

雖然快速依然是尊榮會員的重要福利，但我們正在尋找為尊榮會員制注入活水的新方法。其中最重要的兩項是數位內容與硬體設備。

二〇一一年，我們納入新的福利「Prime 即時影音」，目前美國已有成千上萬部流量無限制的電影和電視影集，也開始將方案擴大到英國和德國。我們大舉投資開發這項福利，必須緊盯後續效果。我們問自己，這麼做值不值得？能為尊榮會員制吸引更多會員嗎？我們觀察的事項包括尊榮會員制免費試用期、付費會員轉換率、續約率以及頻道收看者商品購買率。我們認為，這一塊目前為止成績不錯，會繼續投資。

雖然我們的 PIV 支出多半花在授權內容上，但是我們也開始開發自己的原創內容了。亞馬遜團隊才一起步就表現亮眼。我們的節目《透明家庭》成為史上第一個贏得金球獎最佳影集的串流節目，《飄飄葉》（*Tumble Leaf*）則是奪下安妮獎（Annie Awards）最佳學齡前兒童動畫劇集獎。不只節目備受讚譽，數據表現也很突出。製作原創節目的好處在，會由 Prime 影音（Prime Video）首播——尚未在其他地方播出過。首播加上高品質，為我們帶來可觀的數字。我們也很喜歡製作原創節目的成本是固定的，可以將固定成本分攤在數量龐大的會員身上。最後一點，我們製作原創內容的商業模式獨一無二。我很確定，我們是第一間研究出如何靠贏得金球獎，來促進電動工具和嬰兒尿布業績的公司！

從 Kindle、亞馬遜電視盒到 Echo 音箱，亞馬遜設計製造的硬體裝置也為尊榮會員服務注入活水，例如：Prime 即時影音和 Prime 音樂（Prime Music）普遍提高亞馬遜生態系各項元素的參與度。我們還會推出更多硬體，在硬體裝置團隊前方，是一片光明、引人期待的未來藍圖。

尊榮會員制最初設定的免費快速運送到府承諾，精進腳步不會停歇。我們近來推出了尊榮速達（Prime Now），為尊榮會員提供適用上萬種商品的兩小時免運到府服務，或收取七．九九美元的運費一小時到府。許多一推出就使用的顧客留下類似評論：「這六個星期，我和先生從尊榮速達訂購的商品多到難為情。收費低廉、使用簡便，還能即時出貨。」我們已經在曼哈頓、布魯克林、邁阿密、巴爾的摩、達拉斯、亞特蘭大、奧斯丁推出這項服務，其他城市也即將推出。

現在我要來聊聊亞馬遜物流服務（FBA）。FBA實在太重要了，因為它有黏著效果，能將亞馬遜市集和尊榮會員制牢牢綁在一起。因為有FBA，亞馬遜市集和尊榮會員制不再是兩樣不相干的東西。事實上，我現在就無法將這兩項服務完全分開來看。它們帶來的經濟效益和顧客體驗，巧妙深刻地交融。

FBA的服務對象是亞馬遜市集的賣家。當賣家決定使用FBA，他們可以將存貨放在我們的物流中心，由我們接手處理所有的物流、客服、退貨事宜。假設顧客訂購了一件FBA商品，以及一件亞馬遜自有庫存商品，我們可以用同一個箱子出貨，這非常有效率。但更重要的一點是，賣家加入FBA後，他們的商品適用尊榮會員制。

有些事情雖然顯而易見，想要牢牢掌握住卻比想像中來得困難，但值得一試。如果你問，賣家想要的是什麼？正確（且顯而易見）的答案：他們希望能夠提升業績。那麼，當賣家加入FBA、商品符合尊榮會員制會如何呢？結果就是業績增加了。也請留意，從尊榮會員的角度出發，會發生什麼現象。每次有賣家加入FBA，尊榮會員就能買到更多適用尊榮會員制的商品。尊榮會員資格的價值提高了。這對我們的飛輪來說是一大利器。FBA創造一個完整的循環：亞馬遜市集為尊榮會員制注入活水，尊榮會員制使亞馬遜市集更有活力。

在二〇一四年一項針對美國賣家所做的調查中，有百分之七十一的FBA商家表示，加入FBA後銷售量增加超過百分之二十。相較於前一年，聖誕假期的全球FBA商品出貨量成長五成，其中超過四成是向第三方賣家購買的商品。去年美國付費尊榮會員人數增加五成多，全球人數增加五成三。FBA對顧客有利，也對賣家有利。

亞馬遜雲端運算服務（AWS）

九年前亞馬遜雲端運算服務推出時還是一個激進的點子。現在，端運算服務規模可觀，且在快速成長當中。新創公司是最早的用戶。隨選隨用、隨用隨付的雲端儲存及運算資源，以可觀的幅度加快創立新事業的速度。Pinterest、Dropbox、Airbnb等公司都加入了AWS的行列，至今仍然是我們的用戶。

在那之後，大型企業也紛紛採用AWS，他們選擇AWS的主要理由和新創公司不謀而合：快速、靈活。降低資訊科技成本是一大誘因，有時甚至可以省下一筆龐大的絕對成本。但光是節省成本，永遠無法彌補執行效能或功能上的缺陷。企業仰賴資訊科技才能運作，資訊科技極其關鍵。因此，提出「我能替你每一年省下一大筆花在資訊科技的費用，我的服務與你現在使用的技術不相上下」，這樣的主張無法爭取到太多的客戶。這個範疇裡的客戶，真正想要的是「更好、更快速」，假如「更好、更快速」又能節省成本，那就棒呆了。但節省成本是附加好處，不是核心所在。

資訊科技的槓桿效益很高。你絕對不會樂見競爭對手的資料部門比你們公司的資料部門還要靈活。每間公司都有一份希望儘快落實的技術升級清單，卻面對棘手的現實，不得不苦惱地排定優先順序，許多計畫最後都無疾而終。即使資源到位，計畫也經常被拖延，或是功能發展得不夠完全。如果資料部門能夠想辦法，以更快的速度，完成許多可以拓展業務的技術專案，就能為組織創造實在、可觀的價值。

這些是AWS能夠如此快速成長的原因。資料部門表示，使用AWS後完成更多工作。他們不必花太多時間處理附加價值低的活動，例如資料中心管理、網路連結、運作系統修補、容量規畫、資料庫擴展，諸如此類的種種小事。另外也很重要的是，他們可以使用強大的應用程式介面與工具，以經過大幅簡化的方式，打造可以擴充、安全、穩健的高效能系統。而且用戶不必費心傷神，那些應用程式介面與工具會自己默默地持續順暢更新。

今天，AWS擁有超過一百萬名活躍用戶，大大小小的公司和組織在任何可想像得到的事業部門裡使用AWS。與去年相比，二〇一四年第四季AWS的使用率大約成長百分之九十。奇異、大聯盟、塔塔汽車（Tata Motors）、澳洲航空等公司都用AWS打造新的應用程式，包括群眾外包與個人保健應用程式，以及管理運貨車隊的手機應用程式。包括日本電信業者NTT DOCOMO、《金融時報》、美國證券交易委員會在內的其他客戶，則是使用AWS分析及處理大量的資料。還有許多客戶，例如康泰納仕（Condé Nast）、家樂氏、新聞集團（News Corp），正在將以前的重要應用程式搬移到 AWS 上，有些甚至是將整個資料中心也搬來。

我們在前進的過程中，持續加快創新的步伐，從二〇一二年開發近一百六十項新功能與服務，進步到在二〇一三年開發二百八十項新功能與服務，以及去年的五百一十六項新功能與服務。從文件服務 WorkDocs、電子郵件服務 WorkMail、無伺服器運算服務 AWS Lambda 與 EC2 容器服務（EC2 Container Service），到 AWS 市集（AWS Marketplace），有許多有趣的功能與服務可以分享給各位，但為了簡要說明，我只會介紹一項服務：最近才推出的亞馬遜極光資料庫（Amazon Aurora）。我們希望能在關聯式資料庫，這個對許多應用程式而言非常重要（卻也非常棘手）的關鍵基本技術領域裡，為客戶創造一種新的常態。亞馬遜極光是與 MySQL 資料庫相容的資料庫引擎，能夠享受到開源資料庫的簡便特性與高成本效益，又能快速存取高階商業資料庫的資料。亞馬遜極光的效能高達一般標準 MySQL 資料庫的五倍，價格卻只要商業資料庫套裝軟體的十分之一。關聯式資料庫這個競爭舞台，始終是組織與開發者的痛點，我們對亞馬遜極光資料庫非常期待。

我相信 AWS 是可在未來許多年服務顧客並為公司賺錢的夢幻商品。我為何樂觀看待？其一是這裡有龐大商機，最終將涵括全球用戶在伺服器、網路連結、資料中心、基礎設施軟體、資料庫、資料倉儲等各方面的開支。正如我對亞馬遜零售事業的看法，我非常有理由相信，

AWS的市場規模無所限制。

其次，AWS目前已居市場領先地位（這點非常重要），這是一項強大的長期優勢。我們（想盡辦法）努力讓AWS使用起來非常簡便。即便如此，這仍然是一套無論如何都很複雜的工具，有豐富多元的功能，學習曲線並不簡單。可是，當你開始熟練如何用AWS打造複雜系統，你所學會的這套工具會很好用，不會想再去學另一套新工具和應用程式介面。我們絕對不能佇足於此，如果我們持續為顧客提供無與倫比的服務，他們就會做出理性的選擇，偏好繼續使用我們的產品。

除此之外，理由還包括了我們的領先地位。現在，我們有數以千計的用戶，在世界各地有效地為我們宣傳，就像是我們的產品大使。從一間公司跳槽到另外一間公司的軟體開發人員，成為我們的最佳業務員：「我以前工作的地方使用AWS，這裡也應該考慮用用看。我認為這樣能完成更多工作。」精通AWS及其服務，已經變成軟體開發人員會放在履歷裡的一項技能，是個好現象。

最後，我樂觀地相信，AWS將會為我們帶來可觀的資本報酬。以團隊來說，這是我們必須檢驗的一項指標，因為AWS是資本密集的技術。好消息是，我們從分析得到滿意的成果。在結構上，AWS比它取代的模式（也就是自助式資料中心），其資本密集程度低了很多；自助式資料中心的使用率很低，幾乎都不到百分之二十。AWS能將不同用戶的工作負載集中，使用率高很多，所以資本效率也隨之提高。此外，我們的領先地位再次發揮效果：規模經濟能讓我們在資本效率方面享有比較優勢。我們會繼續關注AWS，將其塑造成能為我們帶來可觀資本報酬的事業。

AWS還很年輕，仍然在繼續成長與發展。我們認為，若能在執行過程繼續抱持以顧客需求為先的心態，就能保持領先地位。

職涯選擇計畫

結尾前，我想花一點時間讓股東多了解，亞馬遜有一項引以為傲、令人興奮的做法。三年前，我們推出了一項開創先河的員工福利「職涯選擇計畫」。我們預先支付百分之九十五的課程費用，讓員工在有高度需求的領域進修，例如飛機維修或護理學，不需考慮這項技能是否與員工在亞馬遜從事的工作相關。概念很簡單：讓員工有所選擇。

我們知道，有些在物流中心和客服中心工作的人打算在亞馬遜發展職業生涯，但對其他員工來說，亞馬遜可能是轉換其他工作的踏腳石——而另外那份工作需要具備新的技能。如果適當的訓練能帶來幫助，我們很樂意幫忙。目前為止，我們已經在八個國家幫助了超過二千名參與這項計畫的員工。由於反應熱烈，我們正在打造據點教室，讓同仁能在我們的物流中心上大學與科技課程，幫助他們用更輕鬆的方式達成目標。

目前已有八間物流中心，在配備高級科技設備的專用教室裡，提供十五堂現場教授的課程。這些教室使用玻璃牆面，除了可以鼓勵其他同仁參與課程，還能在同儕間產生互相砥礪的作用。我們相信職涯選擇計畫是一種創新的方式，能夠吸引優秀人才來我們的物流和客服中心提供顧客服務。隨著亞馬遜在世界各地拓展規模，這些工作機會是讓員工能在亞馬遜發展職業生涯的途徑，也能讓員工有機會在其他高度需求的科技領域築夢。比如，我們的第一位職涯選擇計畫畢業生，已經在她的社區成為一位護理師，展開新的職業生涯。

我也要邀請各位加入先前報名的二萬四千多名訪客，前來我們的物流中心，看一看當你在亞馬遜網站按下購物鍵時，會發生什麼神奇的魔法。除了在美國提供參觀行程，我們現在也在全球各地的據點開放參觀行程，包括英國的魯格利物流中心和德國的格拉本物流中心，並持續增加開放參觀的據點。你可以在 www.amazon.com/fctours 報名參觀。

亞馬遜市集、尊榮會員制、亞馬遜雲端運算服務是三個了不起的點子。我們有幸推出這些服務。我們會竭盡所能幫助這些點子滋長茁壯，使其更上層樓——為顧客精益求精。你也可以期待我們努力推出第四個好點子。我們已經有許多點子正在規畫當中。一如約莫二十年前創立之始，我們將會繼續下大膽的賭注。機會在我們的面前展開，我們可以透過發明新事物，來為顧客提供更好的服務，我們在此向你保證，亞馬遜的嘗試腳步不會停歇。

今天仍然是第一天。

19 經營實驗的長尾報酬

二〇一五年致股東信

今年亞馬遜成為最快達到年度銷售額一千億美元的公司。除此之外，今年亞馬遜雲端運算服務的年度銷售額也來到一百億美元，步調之快，甚至超越亞馬遜達成同樣里程碑的速度。

這是怎麼一回事呢？這兩個事業都從一顆小小的種子開始，憑藉自己的力量長大，沒有重大的併購案，便快速發展成舉足輕重的大型事業體。表面上，兩個事業有天壤之別，服務對象一個是顧客、一個是企業，而其聞名之處，一個在於咖啡色紙箱，一個則在應用程式介面。南轅北轍的兩項服務，在同一間公司裡迅速成長，純粹只是巧合嗎？凡事靠運氣，我敢向你誇口，我們真的非常幸運。但除此之外，兩個事業之間是有關聯的。其實，從本質來看，它們並沒有太大的不同。它們擁有同樣一個與眾不同的組織文化，這個文化非常看重少數幾項原則，以此為行事信念。我要說的就是：以顧客為中心而非過度在乎競爭對手、熱衷發明與開拓創新、願意失敗、有長期思維的耐心，以及在工作中以卓越經營為傲。從那樣的角度來看，AWS和亞馬遜零售事業其實非常相似。

我會這樣形容企業文化：無論如何，企業文化都會存在許久、穩固而難以改變。它可以形成優勢，也會帶來劣勢。你可以把企業文化寫下來，但那樣只是發現、挖掘自己的企業文化，而不是創造企業文化。企業文化需要時間的耕耘，由人們或事件形塑而成，過去的成功與失敗經驗成為故事，深刻烙印在公司長久流傳的知識裡。如果這是與眾不同的文化，就會像量身打造的手套，貼合地戴在某些人的手上。文化之所以能在時間推移下仍然牢固不破，是因為人們會自我選擇。假如某個人的動力來自競爭的渴望，他可能會選擇並樂於接受某一種文化，而某個熱愛開拓與發明的人，可能會選擇另外一種文化。幸好，世界上有各式各樣卓越又獨一無二的企業文化。我們從未表示自己的方法就是對的方法，只說這是我們的做法。過去這二十年，我們找來了一大群志同道合的人，他們覺得這麼做很有意義，能激勵人心。

我認為我們在一個領域和別人特別不一樣，就是失敗。我相信，我們是全世界最適合失敗的地方（我們經常練習失敗！）。失敗和發明，兩者密不可分。要發明就要實驗，如果你事先知道會成功，那就不叫實驗了。大部分的大型組織都樂於接受要發明新事物的想法，卻不願意承擔想要成功發明新事物所必須先經歷的失敗實驗。想要獲得非凡的回報，往往必須和一般的傳統智慧對賭，而傳統智慧經常是對的。如果有一成的機率賭對，報酬是一百倍，那你每一次都應該賭一把。但是你每賭十次，還是會有九次賭錯。我們都知道，如果你喜歡揮大棒，會常常被投手三振，但你也有可能揮出全壘打。但是打棒球和經營事業不一樣，因為棒球的得分是一種截段計分方式。揮棒的時候，不論你的球打得有多好，最多就是拿四分。但經營事業的過程中，每隔一陣子，你就有可能站上本壘，拿下一千分。報酬像這樣呈現長尾分配，是你必須大膽賭一把的原因。一試再試，為嘗試付出代價，才能成為大贏家。

AWS、亞馬遜市集、尊榮會員制都是亞馬遜大膽賭一把而成功的例子，我們很幸運，能夠擁有這三根支柱。它們幫助我們發展成一間大公司，有一些事情，只有大公司才能辦到。在西雅圖有許多厲害的公司與我們為鄰，不管是多麼優秀的公司，都不可能在自家車庫設立的新創公司生產一架全碳纖維材質的七八七飛機——至少不會是你願意搭著飛上天的飛機。我們善用規模，打造出非如此規模所無法考慮的顧客服務。但同樣地，如果我們沒有警覺、不夠深思熟慮，規模也有可能拖慢我們的速度，消弱我們的創造力。

每次我與亞馬遜的不同團隊開會，他們展現的熱情、智慧、創意總是令我感到驚奇。我們的團隊在去年成果豐碩，我要在此分享關於亞馬遜三大事業的一些努力重點，讓各位知道我們如何培植尊榮會員制、亞馬遜市集與AWS，並將這些事業拓展全球。雖然我的焦點放在這三項事業，但我向你保證，我們仍然在努力開發第四支柱。

尊榮會員制

我們希望尊榮會員制的價值高到如果沒加入會讓你覺得對不起自己。

我們將尊榮會員的兩日到府商品從一百萬件增加到三百萬件以上，增加了週日配送服務，並且在全世界超過三十五座城市推出適用數十萬件商品的當日免運配送服務。加入音樂、照片儲存、Kindle用戶借閱圖書館以及串流電影和電視節目。

尊榮速達針對幾項重要的品項，為會員提供一小時送貨到府服務，而且構思成形後僅一百一十一天就推出服務。在此同時，有一組小團隊打造了與顧客直接接觸的應用程式，在城市裡找到一個設立倉儲空間的地方，決定要賣哪二萬五千種商品、在倉庫裡存放這些商品，招募及訓練新進員工，反覆修改、設計新的內部軟體，這包括倉庫管理系統以及與駕駛人員聯絡的應用程式，並且在聖誕假期及時推出這套軟體。今天，就在第一座城市推出十五個月後，Prime即時外送已經在全球三十多座城市服務顧客。

Prime即時影音上，有獨家內容，還有來自全球各地熱愛說故事的人。我們希望像吉兒．索洛威、傑森．薛茲曼、史派克．李（Spike Lee）這樣傑出的創作者能挑戰風險、突破限制。我們的原創影集已經獲得超過一百二十次提名，贏得約六十座獎項，包括金球獎和艾美獎。在傳統的線性節目編排模式下，這些故事可能永遠無法呈現給世人。我們正在籌備，即將推出新的影集與電影。這些作品出自傑瑞米・克拉克森（Jeremy Clarkson）、大衛・凱利（David E. Kelly）、伍迪・艾倫、肯尼斯・羅納根（Kenneth Lonergan）等創作人之手。

根據菲利普・狄克（Philip K. Dick）小說改編的《高堡奇人》（*The Man in the High Castle*），探討如果美國輸掉第二次世界大戰，歷史會如何改變。這部影集十一月二十日在亞馬遜Prime影音首播，四週就成為最多人觀看的節目，而且大獲影評讚譽，例如「亞馬遜的《高堡奇人》是這一季最棒的戲劇節目」，也有人說：「《高堡奇人》達成許多成就，最近播出的新電視節目，多半甚至連試都不試。」

這些節目受用戶喜愛，為尊榮會員制的飛輪提供養分，觀看Prime影音的尊榮會員更有可能從免費試用改成付費會員，也更有可能在新的年度續約。

最後一點，我們首次舉辦尊榮會員日（Prime Day），成果大大超乎我們的預期，成長近百分之三百，當天新加入試用尊榮會員制的人數，超越了我們過往的任何一天。全球訂單相較去年同日，成長幅度為百分之二百六十六，透過FBA販售適用尊榮會員制商品的賣家，業績打破過去的紀錄。

實體與數位結合的尊榮會員制，成為備受會員青睞的吃到飽服務。去年會員人數成長百分之五十一（美國會員增加百分之四十七，海外會員成長速度更是不容小覷），現在全世界有數千萬名尊榮會員。你很有可能已經是其中一人了，假如不是，請為自己負責，加入尊榮會員吧。

亞馬遜市集

十五多年以前，我們有兩次嘗試揮大棒卻失敗的經驗：亞馬遜拍賣和 zShops，之後才推出亞馬遜市集。我們在失敗中學習，堅持實現我們的願景，直到今天，亞馬遜賣出的物品當中，有百分之五十是第三方賣家售出的商品。亞馬遜市集對顧客有益，因為上面有更多獨一無二的商品選項；而且，亞馬遜市集也對賣家有益，這裡有七萬名創業家，每年在亞馬遜的銷售額超過十萬美元，創造不只六十萬個新的工作機會。FBA的加持讓飛輪轉動得更快，因為賣家的庫存商品適用尊榮會員制——尊榮會員制對顧客來說更有價值了，賣家則能賣出更多商品。

今年，我們推出新計畫「由賣家出貨的尊榮會員商品」（Seller Fulfilled Prime）。我們邀請能夠符合快速出貨與一致服務品質的高標準賣家加入亞馬遜尊榮會員制，以符合尊榮會員制的出貨速度直接為自己的訂單出貨。那些賣家的銷售業績已經大幅提升，這項計畫為美國、英國及德國的尊榮會員，增加了數十萬件可以兩日或隔日免運到府的商品選項。

我們也推出亞馬遜借貸計畫（Amazon Lending）扶植賣家。計畫推出以後，我們以短期借貸方案，為美國、英國與日本各地的中小型與微型商家，提供總額超過十五億美元的資金，在外流通的貸款餘額總共約四億美元。本身也是衝浪手的塔爾槳板（Tower Paddle Boards）老闆史蒂芬．阿斯托（Stephan Aarstol）即是受益於這項計畫。在亞馬遜借貸的一點幫助下，他的商店成為聖地牙哥成長速度名列前茅的公司。一按就能取得現金，幫助這些小企業成長，讓顧客有更多的商品選擇，亞馬遜也能受益於賣家業績提升所帶來的市集收益。我們希望能擴大亞馬遜借貸的規模，正在想辦法與銀行業者合作，讓擁有專業知識的銀行來承擔、管理大部分的信用風險。

我們除了扶植主要的事業，也努力讓這些事業在世界各地開枝散葉。亞馬遜市集為各地賣家創造接觸全球購物者的機會。以前，礙於跨國販售的現實條件不足，許多賣家只好將客層鎖定在自己的國內市場。為了將亞馬遜市集擴大的全世界、為賣家拓展商機，我們在去年打造了讓一百七十二個國家的創業家能接觸到一百八十九國顧客的銷售工具。現在，跨國銷售在亞馬遜第三方賣家業績，占了將近四分之一。為了實現目標，我們翻譯了上億份商品列表，並且提供涵蓋四十四種貨幣的換匯服務。甚至連小型賣家和利基賣家，現在都能接觸我們的全球客群、利用我們的全球物流網，與自行一件一件發貨到海外的賣家相比，成果非常豐碩。轉接插頭科技公司（Plugable Technology）執行長伯尼．湯普森（Bernie Thompson）表示：「當你能夠將貨品大量運送至歐洲或日本的倉庫，以一兩天的速度完成出貨，模式真的改變了。」

從印度的例子也能看出，我們如何利用為顧客著想和對創造發明的熱情，將類似亞馬遜市集的服務拓展到全球各地。去年，我們推出一項名為「亞馬遜茶水車」（Amazon Chai Cart）的計畫，以三輪車探索城市商業區，為小型業主奉上茶水和檸檬汁，教他們如何在網路上販售商品。四個月內，執行團隊在三十一座城市行進一萬五千二百八十公里，奉上三萬七千二百杯茶，並與超過一萬名賣家互動。透過這個計畫和其他與賣家對話的場合，我們了解到，賣家對於在網路上販售商品很感興趣，只不過他們認為流程耗時間、單調乏味又複雜。所以我們發明了亞馬遜立即用（Amazon Tatkal），讓小企業不到六十分鐘就能完成線上商店註冊。亞馬遜立即用是經過專門設計的行動工作室，提供一系列上架協助服務，包括教你如何註冊、製作圖片、分類，還有基本的賣家訓練機制。自二月十七日推出，目前為止，已有二十五座城市的賣家使用這項服務。

我們也在全球各地拓展亞馬遜物流服務，讓服務符合在地顧客的需求。以印度為例，我們啟動「彈性物流」（Seller Flex）計畫，將亞馬遜的物流實力與賣家在當地社區推出的各色商品相結合。賣家空出一部分倉庫，存放要在亞馬遜販售的商品，我們將其布置成物流網的配送中心，允許接收及配送顧客訂單。亞馬遜團隊會指導賣家如何配置倉庫，提供資訊科技和營運基礎設施，並訓練賣家在現場必須遵守的標準作業程序。現在我們在十座城市啟用了二十五間彈性物流倉庫。

亞馬遜雲端運算服務（AWS）

距離AWS的第一項主要服務「簡單儲存服務」在美國推出，才不過短短十年的光景，今天，AWS提供超過七十種運算、儲存、資料庫、分析、行動、物聯網和企業應用程式服務。此外，我們在全球十二個地理區域推出了三十三個可用區域，並且預計明年在加拿大、中國、印度、美國、英國再推出五個地理區域和十一個可用區域。AWS最早的客戶是開發者和新創公司，但現在有超過一百萬名來自各種規模大小的組織客戶，幾乎橫跨各式各樣的產業——包括Pinterest、Airbnb、奇異、義大利國家電力公司（Enel）、第一資本（Capital One）、財捷（Intuit）、嬌生、飛利浦、何嘉仁、Adobe、麥當勞和時代公司（Times Inc.）。

AWS的規模更勝亞馬遜網站十年前的規模，正在快速成長當中，我認為最值得注意的是創新步調持續加速，我們在二〇一五年推出七百二十二項新功能與新服務，比二〇一四年多了百分之四十。

剛推出的時候，許多人說AWS是一項大膽、又不尋常的賭注。「這和賣書有什麼關係？」我們原本可以只要堅守本業就好，但我很高興亞馬遜沒有。又或者，這就是我們的本業？或許所謂的本業，不只涉及競爭範疇，也與做法息息相關。AWS全心替顧客著想、注重創造、具有實驗性質、以長期為導向，而且非常在乎卓越經營。

歷經十年反覆修改，這些原則讓ＡＷＳ快速擴張成為全世界最全面和應用最廣的雲端服務。如同我們的零售事業，ＡＷＳ由許多小型的單線領導者團隊組成，可以做到快速創新。團隊成員幾乎每天推出與七十項服務有關的新功能，而且新功能會直接「顯示」給客戶使用——不需要升級。

許多公司說自己以顧客為重，卻鮮少付諸實行。大型科技公司多半將焦點放在競爭對手身上。他們看見別人在做什麼，便努力快速追上。相反地，我們為ＡＷＳ打造的功能，有百分之九十到九十五是顧客告訴我們希望擁有的功能。資料庫引擎「亞馬遜極光」就是一個好例子。傳統商用資料庫供應商提供的是專機專用、成本高昂、需要授權的資料庫，客戶使用起來備感挫折。雖然許多公司已經開始改用比較開放的引擎（例如 MySQL 和 Postgres），但效能經常沒有達到他們的需求。顧客問我們能不能不要在兩難中取捨，那就是我們打造亞馬遜極光的原因。亞馬遜極光擁有商用等級的耐久性與可用性，能與 MySQL 完全相容，比一般的 MySQL 執行方式速度快了五倍，卻只要傳統商用資料庫引擎十分之一的價格。這一點深深打動顧客的心，亞馬遜極光成為ＡＷＳ發展歷程中成長最快速的一項服務。ＡＷＳ史上成長速度第二快的受管資料倉儲服務 Redshift 也是這樣來的，不論規模大小，公司紛紛將他們的資料儲存於 Redshift。

以顧客為中心的文化，也是我們訂價的動力——我們已經降價五十一次，其中許多產品在競爭壓力出現之前就降價了。除了降價，我們也持續推出降低成本的新服務，例如亞馬遜極光、Redshift、QuickSight（我們新推出的商業情報服務）、EC2 容器服務（我們新推出的運算容器服務）、Lambda（我們創先河的無伺服器運算功能），並擴大服務範圍，延伸到各種成本效益極高的選項，幾乎適用每一種應用程式，以及你所能想到的資訊科技用途。我們甚至推出並持續改進諸如信任顧問這類會提醒顧客省錢的服務，替顧客省下上億美元。我很確定，在資訊科技公司之中，只有我們會告訴顧客如何不要在我們身上花錢。

不論你是昨天才成立的新創公司，還是經營一百四十年的事業，雲端技術都提供了絕妙的機會，讓我們可以用比以前更快的速度提升經營、加入嶄新顧客體驗、重新調配資金推動成長、提升安全性，或是達到以上的所有目標。AWS 用戶大聯盟先進媒體公司（MLB Advanced Media）就是持續改良顧客體驗的好例子。透過大聯盟的新數據追蹤科技平台 Statcast，棒球迷可以評估球員的守備位置表現、跑壘者的實力以及每一球在場上的落點，不論用什麼裝置觀看，都能取得實際數據，除了可以知道「要是……會怎樣」這類老掉牙的問題，還能開創新的問題。Statcast 運用衛星雷達系統，每秒評估二千次投球運動軌跡，透過亞馬遜運動（Amazon Kinesis，即時處理串流數據的服務）即時串聯及收集數據，將資料儲存於簡易儲存服務，並在亞馬遜 EC2 上執行分析作業，讓棒球變成先進的火箭科學。伺服器套件每場比賽產生七兆位元組（7TB）的原始統計資料，每一季產生一萬七千兆位元組（17PB）的原始統計資料，以量化數據證實了未經驗證的古老智慧，例如：絕對不要想用滑壘的方式上一壘。

大約七年前，Netflix 宣布要將旗下所有應用程式移至雲端。Netflix 選擇了 AWS，因為 AWS 有最龐大的規模和最多樣化的服務和功能選項。Netflix 最近完成雲端轉移作業，類似這樣的例子愈來愈常見，Infor 公司、財捷、時代公司也都規畫將應用程式統統移至 AWS。

現在 AWS 已經非常完善，吸引了超過一百萬名用戶，而且服務只會更上層樓。隨著團隊繼續快速創新，我們將提供更多功能，讓創造變得無拘無束；收集、儲存和分析資料將會愈來愈簡單。我們會持續加入更多地理區域，行動與「連結」裝置應用程式都將不斷成長。往後大部分的公司將不會選擇自己經營資料中心，而是選擇使用雲端服務。

創造的機器

我們希望自己同時是一間大型公司，也是一台創造的機器。我們希望能結合大型組織的超卓顧客服務實力，以及一般在新創公司較常見的快速、靈活與風險承擔心態。

我們辦得到嗎？我樂觀看待這個問題。我們有好的開始，而且我認為，亞馬遜的文化讓我們站在達成目標的好位置上。但是我不覺得會很容易。有一些細微難察的陷阱，就連績效很好的大型組織都免不了落入其中，我們必須要以一家組織機構的身分學習如何防範未然。**大型組

織經常犯一個錯誤，這個錯誤會拖慢速度、破壞創造力，它就是「一體適用」的決策方式。

有些決策非常重要、不可逆，或幾乎不可逆，這是單向門，必須要有條不紊、小心謹慎、慢慢地制訂這些決策，要深思熟慮、充分商議。如果你走過去，看見另外一頭不是你想要的樣子，沒有辦法再回到原本的地方，我們稱這種決策為「第一類決策」。但是大部分的決策不是那樣，多數決策可改變、可逆，這是雙向門。如果你做的是次佳的「第二類決策」，承擔後果的時間不會那麼久。你可以重新把門打開，回到之前的位置。「第二類決策」可以也應該交由判斷力強的個人或小組，快速制訂。

隨著組織規模擴大，大部分的決策似乎愈來愈仰賴重量級的第一類決策流程，包括許多第二類決策在內。結果是組織速度被拖慢、未仔細思考就厭惡風險、無法充分實驗，進而導致創造活動愈來愈少。*我們必須想辦法對抗那種傾向。

一體適用的思維只是其中一項陷阱，我們會極力避免，倘若發現大型組織的其他弊病，也會設法避開。

---

*反過來看比較不那麼有趣，而且一定會有一些倖存者偏誤（survivorship bias）的情形。凡習慣於採用輕量級的第二類決策流程，來制訂第一類決策的公司，都會在壯大前滅亡。

永續發展與社會創造

我們的成長腳步快速。二十年前，我開著自己的雪佛蘭 Blazer 把箱子送到郵局，夢想著有一天能擁有一台堆高機。過去這幾年，我們繳出了漂亮的絕對數字（相對於百分比而言），對我們來說是特別重要的幾年。我們的員工人數從二〇一〇年的三萬人，增加到目前的二十三萬多人。有一點像是為人父母，某一天環顧身旁，發現到孩子都長大了——一眨眼，就發生了。以我們目前的規模來說，令人興奮的是，我們可以用富含創造力的文化，為永續發展和社會議題帶來實質影響。

兩年前我們設定了在全球 AWS 基礎設施全面使用再生能源的長期目標。從那時起，我們宣布打造四座大型風力與太陽能農場，每年為 AWS 資料中心能源網額外供應十六億度的再生能源。亞馬遜福勒嶺風力發電廠（Amazon Wind Farm Fowler Ridge）已經啟用了。去年永續能源占 AWS 用電量的百分之二十五，今年我們正在朝百分之四十的目標前進，努力在將來，達成全球亞馬遜設施百分之百使用永續能源的目標，對象包含我們的物流中心。

我們會擴大我們的努力方向，繼續改善包裝這類領域；在這一塊，創造文化為我們帶來斐然成果——造就了「不惱人包裝計畫」。七年前推出計畫時，有十九件參加計畫的商品。今天，全球共超過四十萬件。二〇一五年，這項計畫讓上千萬磅的多餘包裝減少了。不惱人包裝容易打開，深得顧客喜愛。不惱人包裝製造的浪費比較少，對地球有益。而且不惱人包裝比較密實，運輸時比較沒那麼多「空氣」，能節省運輸成本，對股東也有好處。

我們也持續開拓，率先為員工設計新方案，例如：職涯選擇、休假共享（Leave Share）與逐步回歸（Ramp Back）。職涯選擇計畫預先支付百分之九十五的課程費用，讓員工在有高度需求的領域進修，不需考慮這項技能是否與員工在亞馬遜從事的工作相關。我們會負擔取得護理師證照或參加飛機維修課程，以及許多其他進修管道所需要的費用。我們在物流中心就地建造玻璃牆教室，鼓勵員工參與計畫，並順利推動課程。我們從雪莉．沃梅克（Sharie Warmack）的員工故事看出計畫帶來的影響。育有八名子女的單親媽媽雪莉，在鳳凰城的其中一間物流中心工作。職涯選擇計畫為雪莉支付取得十八輪大貨車駕駛執照所需要的費用。雪莉認真上課、通過考試，現在是施耐德卡車運輸公司（Schneider Trucking）的長途車司機——而且樂在工作中。接下來這一年，我們將會推動一項計畫，帶其他有興趣的公司認識職涯選擇的好處，以及如何落實職涯選擇。

休假共享和逐步回歸計畫讓新手父母能夠在成家上保有彈性。如果配偶或同居伴侶的雇主沒有提供有薪假，休假共享計畫讓員工能和對方一起使用亞馬遜的有薪假。逐步回歸讓生完孩子的媽媽多擁有一些控制權，能夠自己決定回歸職場的步調。就像我們的保健計畫，這些福利也是平等的——物流中心與客服部門的員工，以及公司階層最高的主管，都適用相同的方案。

再生能源、不惱人包裝、職涯選擇、休假共享、逐步回歸的例子，在在顯示我們有擁抱創造力與長期思維的文化。亞馬遜的規模已經發展到足以影響這些領域，想到這點，就覺得振奮人心。

我可以告訴你，能與如此聰明、有想像力、熱情的人們共事，每一天都令我感受到無比的喜悅。

今天仍然是第一天。

20 避免第二天的到來

二〇一六年致股東信

「傑夫，第二天是什麼樣子？」

那是我在最近一次員工大會上聽到的問題。這幾十年，我總是提醒大家現在是第一天。我在一幢取名為「第一天」的亞馬遜大樓裡工作，我搬到其他大樓工作的時候，也把這個名字帶過去。我花了一些時間思考這個議題。

「第二天是停滯，接著是無足輕重，接著是痛苦難熬的衰退，接著是死亡。那就是為什麼，我們要始終維持在第一天。」

這樣的衰退過程，當然是會以極緩慢的速度發生。一間站穩腳步的公司可能會有數十年的光景，以第二天之姿收穫豐碩的成果。但是最終結局將無法避免。

我對「你如何防範第二天？」這個問題很有興趣。要運用什麼科技和策略？你如何維持第一天的活力，就連在龐大的組織裡也能做到？

這類問題不可能有簡單的答案。會有許多影響因素、各式各樣的途徑和許多陷阱。我不知道詳盡的答案，但我可能略知一二。以下是第一天保衛戰所需要的基本起步裝備：為顧客著想、對反客為主的事情抱持懷疑、積極順應外在趨勢、快速決策。

真正做到專心致志於顧客成功

建立事業重心，方法百百種。你可以將焦點放在競爭對手，可以將焦點放在產品，可以將焦點放在科技，也可以將焦點放在商業模式，以及其他許多面向。但在我來看，想要維持第一天的活力，將焦點全力集中在顧客身上，是目前為止最有效的防禦手段。

為什麼？**以顧客為中心的做法有許多益處，但最大的優點在於：顧客總是感到不滿足，這樣的不滿既美好又令人驚奇，即使他們表示滿意、公司業績很好，顧客還是不會滿足的。即使顧客自己還不清楚，他們想要的其實是更好的東西，當你渴望討顧客歡心，你就會燃起一股為他們創造新事物的動力。**從來沒有顧客要求亞馬遜打造尊榮會員制，但結果證明他們確實想要這項服務，這一類的例子，我可以說出很多個。

想要維持在第一天，你必須有耐心地實驗、接受失敗、埋下種子、保護幼苗，並在看見顧客滿意時加碼。擁有為顧客著想的文化，才能打造適合發展這些原則的條件。

拒絕反客為主

當公司規模擴大和變得複雜，愈來愈有可能發生反客為主的問題。反客為主有各種形式和規模，既危險又微妙，正是第二天的徵兆。

流程反客為主就是常見的例子。一個好的流程能順利運作，讓你順利服務顧客。但你一不小心，流程就有可能反客為主。這種情形很容易發生在大型組織。你不注重結果，反而將流程視為最重要的事情；你不再關注結果，只是確定自己遵守程序。讓我嚥個口水。中階主管為糟糕的結果辯護「這個嘛，我們遵守程序了」，不是什麼少見的說法。比較有經驗的主管則是會利用這樣的機會，好好調查一番，改善相關流程。流程不是重點，我們最好經常問自己，是我們在運用流程，還是流程在運作我們？當一間公司身處第二天，你可能會發現，是流程在運作這間公司。

還有一個例子：市場研究和顧客調查有可能反過來取代顧客，創造和設計產品的時候，如果發生這種情形會特別危險。「測試版使用者有百分之五十五表示對這項功能感到滿意。比第一次調查時的百分之四十七更高。」我們很難解讀這樣的數字變化，可能無意中受到誤導。

優秀的發明者和設計家懂得深入顧客的內心。他們會花大把精力讓直覺開花結果。他們想辦法分析、了解各種奇聞軼事，不會只看你在研究報告上發現的平均數字。他們身歷其境參與設計。

我不是反對進行測試或調查。但負責一項產品或服務，你必須了解顧客，要有願景，還要熱愛你提供的產品或服務。如此一來，測試和調查才能幫你找出你的盲點。非凡的顧客體驗，起點是用心、直覺、好奇、玩樂、膽子和品味。這任何一項，你都無法在調查報告裡找到。

擁抱外在趨勢

如果你不能快速掌握強而有力的趨勢，外在世界會把你推向第二天。如果你抵抗趨勢，你很可能是在抗拒未來。擁抱趨勢，你才能順風而行。

大趨勢不難發現（人們經常談論和寫下這些趨勢），但大型組織卻有可能難以順從這些強勁的趨勢。我們現在就身處一個顯而易見的趨勢裡：機器學習和人工智慧。

過去幾十年以來，只要工程師可以用明確的規則和演算法描述，這類工作大部分都已經可以用電腦自動執行了。現在，那些很難寫出精準規則的領域，也已經可以透過現代機器學習科技辦到。

在亞馬遜，我們已經從事機器學習應用數年了。有一些工作成果一眼就看得出來：自動化的尊榮航空無人送貨機 Prime Air、用機器視覺終結排隊結帳的便利商店「亞馬遜無人商店」

（Amazon Go），以及我們的雲端人工智慧助理 Alexa。*（我們已經很努力，但 Echo 音箱的庫存量始終過低。這是一個維護高品質的問題，我們正著手解決。）

儘管如此，我們在機器學習下的功夫，有許多隱藏在表面底下。機器學習推動我們的需求預測演算法、商品搜尋排名、商品與購物推薦、商品陳列、仿冒品偵測、翻譯和許多其他功能。雖然比較不明顯，但機器學習帶來的，有很多是這一類的影響——默默地發生，卻能實質改善核心營運活動。

就 AWS 而言，我們很高興能降低機器學習和人工智慧的成本並減少障礙，讓各種規模的組織都能從這些先進的科技受益。

有些顧客已經在各種領域，運用我們廣受歡迎的 P2 執行個體（最適合這類工作負載）深度學習架構包，發展出各式各樣的強大系統，用途包括早期疾病檢測和提高農作物產量。我們也以簡便的形式，將亞馬遜的高階服務提供給顧客使用。例如，Alexa 內建程式 Amazon Lex、文字轉換語音服務 Amazon Polly 和亞馬遜臉部辨識軟體（Amazon Rekognition）將自然語言理解、語音生成與影像分析最費力的工作化於無形。只要透過簡單的應用程式介面就能操作，不需要用到專業的機器學習知識。請關注這個領域，我們還會推出許多功能。

---

*說個有趣的例子，試試看提問：「Alexa，六十階乘（factorial）是多少？」

快速決策

來到第二天的公司能做出高品質的決策，但他們做高品質決策的速度很慢。**想要保持第一天的活力和動力，就必須想辦法做品質高、速度快的決策**。這對新創公司來說很容易，對大型組織來說卻很有挑戰性。在亞馬遜，高階領導團隊致力於快速決策。快速是經營事業的關鍵，而且能快速決策的環境也比較有趣。我們不是萬事通，以下僅提供一些相關看法。

第一，絕對不要採用一體適用的決策流程。許多決策是可逆的雙向門，這些決策可以採用輕量級流程，就算錯了又何妨？我在去年的股東信裡詳細解說了。

第二，大部分事情在手上約有百分之七十所需資訊時，應該就要做出決定。如果你要等到掌握百分之九十才行動，那大多數時候很有可能動作太慢。此外，無論如何你都必須善於快速辨識並更正錯誤的決策。如果你善於修正方向，犯錯要付出的代價可能比你認為的少，若是動作太慢，則必定付出高昂代價。

第三，要說「雖不同意，但全力支持」（disagree and commit）。這句話能省下很多時間。假如，就算大家都不同意，你仍然堅信某個方向是對的，你可以說：「聽著，我知道我們有不一樣的看法，但你願不願意跟我一起賭一把？雖不同意，但全力支持？」在那樣的時機點上，沒有人有肯定答案，對方很有可能馬上答應。

不是只有一方要這麼做，如果你是上司也應該要做到。我經常不同意對方的意見，卻仍然全力支持。我們最近批准製作某一部亞馬遜影業的原創作品。我告訴團隊，我質疑這部作品不夠有趣、製作過程複雜、商業條款不夠有利，而且我們還有許多其他機會。他們卻有完全不同的見解，希望著手製作。我立刻回信，寫道：「我雖不同意，但全力支持，希望它會成為我們製作過最多人觀賞的一部作品。」試想一下，**假如團隊先要來說服我，而不是單純爭取我的支持，決策流程會被拖得有多慢**。

請注意，這個例子不是在講什麼。它不是在講我心想：「好吧，這些傢伙是錯的，他們沒有抓到重點，但我沒必要多費心。」我是真的不同意他們的看法，但我坦率說出意見，讓團隊有機會評估我的看法，並快速決定，放手用他們的方法執行。再說，考慮到這個團隊已經抱回十一座艾美獎、六座金球獎、三座奧斯卡金像獎，我其實很高興他們願意讓我出席討論！

第四，**儘早發現真正不一致的問題，並立刻向上呈報**。有時候團隊有不一樣的目標和在根本上就不一樣的看法。這些團隊步調不一致，不論討論多少次、開會多少次，都無法化解如此深刻的歧見。此時若不向上呈報，爭議就得靠消磨對方來解決，撐到最後，就能成為做決定的人。

這幾年在亞馬遜，我見過許多從心底就不贊同對方意見的例子。決定邀請第三方賣家在自家商品資訊頁面和我們直接競爭時，歧見就很大。許多聰明、好意的亞馬遜人就是不認同這樣的方針。這個大決策衍生出許多比較小的決策，其中有很多必須向高階主管呈報。

決策過程中出現「磨光耐心」的情形，不但非常糟糕，而且決策速度緩慢使人失去活力。請趕快呈報，這才是上上之策。

所以，你覺得只要能顧好決策品質就好，還是也會留意決策速度呢？你有沒有順應世界趨勢的風向？你深受反客為主的事物所害，還是用來得心應手？最重要的一點，你有沒有取悅顧客？我們可以擁有大公司的眼界和實力，同時擁有小公司的精神和用心。但我們必須有所選擇。

非常感謝每一位接受我們服務的顧客，謝謝股東的支持；也感謝在各地辛勤工作、發揮聰明才智、投注熱情的亞馬遜人。

今天仍然是第一天。

21 建立高標準文化

二〇一七年致股東信

美國顧客滿意度指數最近公布了年度調查結果，顧客連續八年給了亞馬遜第一名。英國也有類似的指數，也就是由顧客服務協會（Institute of Customer Service）公布的「英國顧客滿意度指數」（UK Customer Satisfaction Index）。英國亞馬遜連續五年在這項調查中蟬聯冠軍。此外，亞馬遜剛從二〇一八年 LinkedIn 最佳公司排行榜摘下第一名，上榜的都是美國專業人士最想工作的地方。幾個星期前，哈里斯民調（Harris Poll）剛剛公布了年度企業聲譽商數（Reputation Quotient），這份調查針對各式各樣的主題，從職場環境、社會責任到產品與服務，邀請超過二萬五千名消費者打分數，亞馬遜已連續三年拔得頭籌。

恭喜，謝謝目前在此工作的五十六萬多名亞馬遜人，日復一日堅持為顧客著想、發揮聰明才智，全心投入卓越經營。我也要代表世界各地亞馬遜人，特別感謝我們的顧客，得知各位在問卷調查的意見，令我們振奮不已。

我最愛顧客的一點是，顧客的不滿是神聖的。他們的期待永不停歇，標準會更高，這是人類的天性。我們並不是因為滿意，而從採獵進步到現代。人類對更棒的做法貪得無厭，昨日的「驚艷」馬上就會變成今日的「平凡」。我看見進步的循環，正在以前所未見的速度發生。或許是因為顧客能輕易接觸到比從前更多的資訊——只消幾秒鐘，在手機上點個幾下，就能看到別人的評語、比較不同零售商的開價、看見東西有沒有貨、了解出貨或撿貨速度多快，族繁不及備載。這些都是零售的例子，但我在亞馬遜的所有業務中，都看出顧客的權力愈來愈大了，其他產業泰半也有相同現象。你在這個世界不能憑恃過往成就，不求取進步，顧客可不吃這套。

顧客期待不斷升高，要如何保持領先？牽連許多事項，不是只有一種做法去應對，但維持高標準（必須廣泛應用於各項細節）絕對是其中的重要環節。這幾年，我們為了符合顧客的殷殷期待而有所成就；過程當中，我們也因為失敗，付出數十億美元的代價。接下來我要以顧客期待為背景，與各位分享，關於組織內部的高標準，我們（目前為止）學到了哪些經驗。

與生俱來，還是可以後天教導？

首先，我們要回答一個基本問題：高標準是與生俱來，還是可以後天教導？如果你讓我進你的籃球隊，你可以交會我許多技巧，但你無法教我怎麼長高。我們的首要任務是挑選符合「高標準」的員工嗎？如果是這樣，那麼這封信可能要花大篇幅談論聘僱員工的實際做法，但我不認為應該如此。我相信高標準是可以教的。事實上，人們只要耳濡目染，就很容易習得高標準。高標準是有感染力的。將新人放到一個高標準的團隊裡，他們很快就會適應。反之亦然，倘若團隊的標準普遍很低，也會快速影響別人。不過，雖然耳濡目染能教會別人遵循高標準，我相信，講明高標準的幾點核心原則，能加速學習高標準，這就是我想在信裡分享的重點。

放諸四海皆準，還是適用特定範疇？

還有一個問題也很重要：高標準是放諸四海皆準，還是適用特定範疇？換言之，如果你在某個領域遵循高標準，高標準會自動擴散到其他地方嗎？我相信高標準是適用特定範疇的，你必須分別學習不同領域的高標準。創立亞馬遜的時候，我對創造、顧客關懷、聘僱（幸好如此！）設下了高標準。但當時我沒有針對經營流程設立高標準，例如：如何讓修正過的問題不再出現、如何從根本消除缺點、如何檢查流程等許多事項。我必須在這些領域裡，學習並發展出一套高標準（同事就是我的導師）。

了解這點很重要，因為你能因此懂得謙虛。即使你認為自己整體而言符合高標準，你還是會有一些令自己變弱的盲點。在某些領域裡，你甚至有可能完全不曉得，自己的標準其實很低或根本沒有標準可言，當然也就算不上是世界頂尖。了解到這樣的盲點至關重要。

辨別能力與眼界

要如何在特定領域符合高標準？第一，你要能辨別出，在這個領域裡，翹楚是什麼樣子。第二，你要從務實的角度，明白符合標準有多困難（要付出多少努力），這就是有眼界。

讓我告訴你兩個例子。有一個是比較好玩的例子，但能清楚傳達重點；另外一個則是亞馬遜經常上演的實際案例。

完美的倒立

我有一個好朋友，最近想學如何做出完美的憑空倒立——不能靠著牆壁，要維持好幾秒鐘，拍出好看的IG照片。她決定先從報名瑜伽教室開的倒立工作坊開始。之後她練習了一陣子，卻沒有得到想要的成果，於是請了一位倒立教練。是的，我知道你在想什麼，但顯然真的有這麼一回事。第一堂課，教練給了她一些很棒的建議。他說：「大部分的人認為只要努力，兩個星期就能精通倒立。實際上，要花六個月的時間，每天練習才能學好。如果你以為自己能用兩個星期學會，到最後你只會放棄。」看不清不切實際的信念（往往藏在看不見的地方或沒有被發現），會扼殺高標準。為了讓自己或身為團隊成員的你達到高標準，你必須建立切合實際的信念，了解事情有多困難，並積極將這些信念傳遞出去。這位教練很清楚，非得如此不可。

六頁敘述報告

在亞馬遜，我們不用PowerPoint（或其他以投影片為主的方式）進行簡報。我們是要撰寫用文句描述的六頁備忘錄。每場會議開始之前，我們會在類似自習室的地方安靜閱讀報告。想當然，這些備忘錄水準參差不齊。有些備忘錄描述清晰，有如天籟美聲，非常優秀且設想周全，為後面的會議鋪陳出優質的討論內容。有時則完全不是那麼一回事。

以倒立的例子來說，要辨別什麼是高標準並不複雜。你不必費力，就能仔細描述怎麼做才是好的倒立，接下來你要嘛達到標準，要嘛沒有達到。寫報告的例子就很困難了。一份優秀和普通的備忘錄，分野模糊多了。想要詳細列出優秀備忘錄的標準，簡直難如登天。儘管如此，我發現，閱讀備忘錄的人對優秀報告的反應都很雷同，一看就能分辨報告的優劣。即便描述起來很困難，但有一套標準，真的有。

以下是我們發現的標準。書面報告不夠好，往往不是因為撰寫者沒有能力辨識好壞，而是對達成標準有錯誤的期待：他們誤以為，寫出一份符合高標準的六頁備忘錄，只需要一兩天的時間，甚至以為幾小時就能寫出來，但實際上可能需要花一個星期，或投入更多時間！他們想要用兩個星期學會完美的倒立，而我們沒有給予正確的指導。優秀的備忘錄經過一再重寫，會請其他同事過目修改，並擱置數日，再以清晰的頭腦重新編寫，無論如何，不可能在一兩天完成。這件事的重點在於，只要傳授正確的眼界，就能提高成效——必須認識到，一份優秀的備忘錄，很有可能要花一個星期以上的時間才能完成。

技能

除了要有辨別標準的能力和切合實際的期待，要不要有技能？寫出世界一流的備忘錄，你當然得是一名能力高超的寫作者才行。技能也是一項必備條件嗎？在我來看，並非如此。至少在團隊裡做事就不一定。美式足球教練自己不需要丟球的能力，電影導演自己不需要會演戲，但他們都要懂得判斷這些事物的高標準，並將正確的眼界傳授出去。就連撰寫六頁備忘錄，也是團隊合作的例子。團隊成員中，必須有人具備撰寫報告的技能，但那個人不一定得是你。（附註，根據亞馬遜的傳統，備忘錄不會列出撰寫者的名字，這是團體成果。）

依循高標準的好處

打造高標準文化，非常值得，而且好處很多。當然，最明顯的就是，你能為顧客打造出更棒的產品和服務，光是這個理由就足夠了！或許，還有一個不那麼明顯的好處：高標準能吸引人才，有助於人才的招募和留任。還有一個更微妙的好處：高標準文化能在每間公司裡，確保所有至關重要的「隱形」工作順利完成。意思是那些沒有人看見、無人監督下完成的工作。在高標準文化中，將工作做好就是工作本身的報償，這是專業的其中一環。

最後一點，高標準很有趣！一旦感受過什麼叫高標準，你就回不去了。

所以，我們看見，高標準有四項要素：高標準是可以教的、高標準適用特定領域、你必須辨別高標準，還要明確傳授切合實際的眼界。在亞馬遜的各種細項工作，從備忘錄撰寫到前所未聞的嶄新業務計畫，都見得到這四項要素。希望你也能從中獲益。

堅持高標準

領導者堅持制定高標準以實現高標準，即使在許多人心中這些標準可能高得離譜。

——《亞馬遜領導力準則》（*Amazon Leadership Principles*）

近期里程碑

亞馬遜的領袖們努力達到高標準，為我們爭取到好成績。我個人當然是不會倒立，但我可以很驕傲地與各位分享我們在去年達到的里程碑。每一件都代表了亞馬遜人共同努力的成果。我們不會將這些視為理所當然。

尊榮會員制：推出十三年後，我們的全球付費尊榮會員已經超過了一億人。二〇一七年，亞馬遜在世界各地為尊榮會員送出超過五十億件商品，而且全球與美國的新會員人數都比往年來得更多。現在，超過一億件商品可以讓美國會員不限次數兩日免運送到府。我們將尊榮會員制擴大到墨西哥、新加坡、荷蘭、盧森堡，並在美國和德國推出企業會員尊榮配送服務（Business Prime Shipping）。此外，我們也持續加快尊榮會員制的出貨速度，目前有超過八千個市鎮，適用尊榮會員當日免運到府（Prime Free Same-Day）和尊榮會員一日免運到府（Prime Free One-Day）服務。全世界有九個國家、超過五十座城市提供尊榮速達服務。在推出網購星期一（Cyber Monday）之前，二〇一七年尊榮會員日是亞馬遜有史以來最盛大的全球購物活動，當天加入的新尊榮會員，人數超越以往任何一天。

AWS：我們很高興看到，年營收運轉率達二百億美元的亞馬遜雲端運算服務，不但日漸茁壯，成長速度也在加快。AWS的創新步調也在加快，在新領域更是不遑多讓，例如：機器學習和人工智慧、物聯網和無伺服器運算。二〇一七年，AWS推出超過一千四百項重要的服務與功能。其中，亞馬遜 SageMaker 服務帶來徹底改變，讓普通開發者也能存取和輕鬆建立複雜的機器學習模型。有數千萬用戶也在運用各式各樣的 AWS 機器學習服務，去年，亞馬遜 SageMaker 的廣泛運用吸引更多活躍用戶，成長幅度超過百分之二百二十五。此外，我們在十一月舉辦了第六屆重新發明大會（re:Invent），有超過四萬名與會者，以及超過六萬名透過串流媒體參加會議的人士。

亞馬遜市集：二〇一七年，亞馬遜成立以來，全世界亞馬遜第三方賣家的商品首度占比超過一半，其中包括中小企業。二〇一七年，有超過三十萬間美國中小企業開始在亞馬遜賣東西，亞馬遜物流服務為全世界的中小企業配送數十億件商品。二〇一七年尊榮會員日，顧客從全世界中小企業訂購超過四千萬件商品，相較於二〇一六年尊榮會員日，中小企業的業績成長超過百分之六十。我們的全球開店計畫（Global Selling）協助中小企業跨海銷售商品，在二〇一七年成長超過百分之五十，目前中小企業跨國電子商務，在第三方賣家銷售額中占比超過百分之二十五。

Alexa：Alexa 裝置的銷售量在各項亞馬遜商品類別中大放異彩，顧客對 Alexa 的喜愛程度持續攀升。我們看見其他公司與開發者正積極採用 Alexa，希望用 Alexa 打造出屬於自己的獨特體驗。目前 Alexa 已經有超過三萬種由外部開發者開發的功能，顧客可以用搭載 Alexa 的一千二百個專門品牌，操控超過四千種智慧型居家裝置。Alexa 的基本功能也在每天持續精進。我們已經開發並推出一項裝置內建的聲紋辨識技術，防止你的裝置在聽見電視廣告說 Alexa 的時候被喚醒（有了這項技術，我們的 Alexa 超級盃廣告在播放時，就不會喚醒好幾百萬台的裝置。）這一年來，遠距語音辨識技術（已經很棒了）進步了百分之十五；過去十二個月，我們加強 Alexa 的機器學習元件，使用半監督式學習技術，在美國、英國及德國，將 Alexa 的口語理解能力提升百分之二十五。（就相同的精準度而言，採用半監督式學習技術所需要標記的資料，數量減少了四十倍！）最後，我們透過機器翻譯和轉移學習技術（transfer learning technique），大幅減少教 Alexa 學會新語言的時間，進而服務更多國家的顧客（例如印度和日本）。

亞馬遜裝置：二〇一七年是亞馬遜裝置銷售成績最棒的一年。顧客購買上千萬台 Echo 裝置。裝有 Alexa 的 Echo Dot 智慧音箱，以及亞馬遜電視棒（Fire TV Stick），是亞馬遜網站所有商品類別中最暢銷的產品，贏過所有的製造廠商。與去年相比，在聖誕假期賣出的亞馬遜電視棒和兒童版 Fire 平板電腦數量增加一倍。二〇一七年是具標誌意義的一年，我們推出全新的 Echo 音箱，不但設計更精美、音效更棒，價格也更低廉；Echo Plus 內建智慧居家中樞；Echo Spot 美觀精巧，附圓形螢幕。我們推出新一代亞馬遜電視盒，特色為 4K 超高畫質高動態成像技術；Fire 超高畫質十吋平板電腦，搭載 1080 像素高畫質顯示螢幕。Kindle 十周年紀念，我們推出全新的 Kindle 綠洲電子閱讀器（Kindle Oasis）。這是我們最高階的閱讀器產品，具防水功能（可以帶進浴缸），搭載更大的七吋高解析度顯示螢幕（每英寸三百像素），而且內建語音功能，讓你也可以聽 Audible 的有聲書。

Prime 影音：Prime 影音持續吸引並留住尊榮會員。去年我們為顧客提供更優質的服務，新增數檔獲獎肯定的 Prime 影音原創節目，例如：榮獲兩座廣播影評人協會獎（Critics' Choice Awards）與兩座金球獎的《了不起的麥瑟爾夫人》（*The Marvelous Mrs. Maisel*），以及入圍奧斯卡的電影《愛情昏迷中》（*The Big Sick*）。我們在世界各國擴大節目製作範疇，包括美國的《傲骨博斯》和《詐欺擔保人》（*Sneaky Pete*）、英國的《壯遊之旅》（*The Grand Tour*）、德國的《全面駭入》（*You Are Wanted*）推出新劇集，並新增日本節目《戰鬥車》（*Sentosha*）以及來自印度的《呼吸》（*Breathe*）和獲獎肯定影集《內心邊緣》（Inside Edge）。今年我們也擴增 Prime 頻道（Prime Channels）的內容，在美國加入了 CBS 全頻道（*CBS All Access*）並在英國和德國推出新頻道。我們在 Prime 影音首播美式足球聯盟（NFL）的《週四足球夜》（*Thursday Night Football*），十一場比賽的觀眾超過一千八百萬人次。二〇一七年，Prime 自助影音（Prime Video Direct）取得超過三千部劇情片的訂閱權利，向獨立製片商與其他權利人支付超過一千八百萬美元的權利金。向前展望，我們也迫不及待推出一系列自己製作的 Prime 原創影集，包括根據湯姆．克蘭西（Tom Clancy）小說改編並由約翰．卡拉辛斯基（John Krasinski）主演的《傑克萊恩》（*Jack Ryan*）、安東尼．霍普金斯與艾瑪・湯普森（Emma Thompson）主演的《李爾王》（*King Lear*）、由馬修・韋納（Matthew Weiner）執行製作的《末代皇族》（*The Romanoffs*）、奧蘭多・布魯與卡拉・迪樂芬妮（Cara Delevingne）主演的《嘉年華大街》（*Carnival Row*）、喬・漢姆（Jon Hamm）主演的《好預兆》（*Good Omens*），以及山姆・艾斯梅爾（Sam Esmail）執行製作的茱莉亞・羅勃茲電視劇處女秀《歸國》（*Homecoming*）。我們取得了《魔戒》和迷你影集《柯提斯》（*Cortés*，暫譯）的全球電視影集多季製播權。《柯提斯》根據艾爾南・柯提斯（Hernán Cortés）的傳奇英雄事蹟改編，由史蒂芬・史匹柏擔任執行製作，主要演員為哈維爾・巴登（Javier Bardem）。我們抱著期待的心，將在今年開拍這兩部影集。

亞馬遜音樂（Amazon Music）：亞馬遜音樂持續快速成長，目前擁有上千名付費用戶。二〇一七年，我們的無廣告隨選隨聽服務「亞馬遜音樂無限聽」（Amazon Music Unlimited）拓展到超過三十個新國家，過去這六個月以來，會員人數成長不只一倍。

亞馬遜時尚：亞馬遜成為數千萬顧客選購時尚衣物的不二之選。二〇一七年，我們首度推出迎合時尚的尊榮會員福利「亞馬遜衣櫃」（Prime Wardrobe）——這項新服務將試衣間直接搬到尊榮會員家裡，讓他們能在購物之前，先試穿看看最新的款式。我們引入 Nike 和 UGG，同時推出茱兒・芭莉摩、「閃電俠」偉德（Dwyane Wade）創立的新名人精選品牌，以及許多新的自有品牌，例如「好服飾」（Goodthreads）以及女性運動服飾品牌 Core 10。我們也進一步推出隨選隨印的「亞馬遜自助銷售平台」（Merch by Amazon），讓成千上萬名設計師與藝術家在此販售獨家設計印製T恤。二〇一七年邁入尾聲時，我們與凱文克萊（Calvin Klein）合作打造互動式購物體驗，包括推出快閃店、現場客製商品，以及由Alexa控制燈光音效的試衣間等。

全食超市：我們在去年完成全食超市收購時，宣布將致力為每一個人提供優質的天然有機食品，許多暢銷的主要食材價格隨即調降，包括酪梨、有機紅蛋和友善養殖鮭魚。十一月第二次降價，而且尊榮會員獨家促銷活動打破了全食超市的感恩節火雞銷售紀錄。二月，我們為特定城市的尊榮會員，推出了訂單金額超過三十五美元即享兩小時免運到府的服務，三月和四月更將服務擴大到其他城市。我們預計在今年將此服務拓展到全美各地。亞馬遜Visa信用卡（Amazon Prime Rewards Visa Card）也推出更多優惠措施，尊榮會員在全食超市購物可享百分之五的回饋。此外，顧客可以在亞馬遜網站上，購買全食超市的自有品牌，例如「365每日優選」（365 Everyday Value），也可以在超過一百間全食超市購買Echo音箱和其他亞馬遜裝置，並且利用數百間全食超市裡的亞馬遜置物櫃（Amazon Locker）領取或退還亞馬遜包裹。我們也在開發讓銷售端點能夠辨識尊榮會員身分所需要的技術，期望能在技術成熟時，為全食超市購物者提供更多尊榮會員福利。

亞馬遜無人商店：一月時，位於西雅圖，不須排隊結帳的新型態商店「亞馬遜無人商店」

向社會大眾開放了。自從開張以來，我們聽見許多顧客形容這是「神奇的」購物經驗，令我們大為振奮。魔法來自量身打造電腦視覺、感測器融合與深度學習技術，將三者統合，創造出「拿了就走」（Just Walk Out，JWO）的購物經驗。有了JWO，顧客隨手就能買最愛吃的早餐、午餐、晚餐、點心和生活雜貨，方便得不得了。店中最暢銷的品項，果然有受歡迎的含咖啡因飲品和水，但顧客也愛越式雞肉法國麵包、巧克力碎片餅乾、切片水果、小熊軟糖和亞馬遜料理包（Amazon Meal Kits）。

寶物卡車（Treasure Truck）：寶物卡車從西雅圖的一輛卡車，擴編到三十五輛在全美二十五座城市及英國十二座城市行駛的車隊。這些吹著泡泡、播送音樂的卡車，完成數十萬筆商品訂單，有上等丁骨牛排，也有最新的任天堂遊戲。此外，從年頭到年尾，寶物卡車與在地社區合作，為當地注入活力和幫助需要的人，包括捐贈及配送數百個汽車安全座椅、數千個玩具、數萬雙襪子，以及許多其他的基本生活物資，給需要喘口氣的社區居民，包括因為哈維颶風流離失所的人、遊民，以及需要感受一下節慶歡樂氛圍的孩子們。

印度：印度亞馬遜網站是印度成長最快速的市集。除此之外，根據市場研究機構comScore與SimilarWeb的調查，印度亞馬遜在桌上型電腦和手機上都是最印度人最常造訪的網站。此外，分析公司安妮軟體（App Annie）指出，印度亞馬遜網站的手機購物應用程式，是二〇一七年印度下載人次最多的購物程式。尊榮會員制第一年在印度推出帶來的會員成長，勝過亞馬遜史上所有地區首年推出尊榮會員制的增長人數。目前印度的尊榮會員商品包含超過四千萬件由第三方賣家提供的在地產品，Prime 影音大舉投資印度原創影音內容，包括製作兩部首播影音節目，以及十多部新節目。

永續發展：我們藉由改善運輸網絡、使用更適合的產品包裝、提升營運活動的能源效率，努力降低碳排放量；我們的長期目標是在全球基礎設施全面使用再生能源。目前，我們最大的風力發電廠「亞馬遜德州風力發電廠」（Amazon Wind Farm Texas）啟用了。廠內配備一百多座渦輪發電機，每年可提供超過十億度的乾淨能源。我們計畫在二〇二〇年為五十座物流中心導入太陽能，已經在美國各地推行二十四項風力與太陽能計畫，並將陸續推出二十九項計畫。目前亞馬遜的再生能源計畫產生的電力，每年總共足以為三十三萬多戶家庭提供乾淨能源。二〇一七年，我們的不惱人包裝計畫十周年了，從最初推行，到一連串的永續包裝計畫，這十年來，我們減少超過二十四萬四千公噸的包裝材料。除此之外，光是二〇一七年，我們的計畫就減少非常多的包裝浪費，相當於少用三億零五百萬個紙箱。而且亞馬遜正在與世界各地的服務供應商簽約，推出亞馬遜的第一支低污染最後一哩運輸車隊。今天，我們的歐洲貨車隊已經有一部分採用低污染的天然氣電混合動力貨車與汽車，而且我們有超過四十輛電動機車與電動腳踏貨車，為我們在都市的各個角落送貨。

給小企業力量：現在全球有數百萬間中小企業透過亞馬遜販售商品，接觸世界各地的新顧客。在亞馬遜賣東西的中小企業來自美國各州，以及全世界一百三十多個不同國家。二〇一七年，有十四多萬間中小企業在亞馬遜的銷售額超過十萬美元，還有一千多名使用 Kindle 自助出版的獨立作家，在二〇一七年賺進十萬美元以上的版稅。

投資與創造就業機會：二〇一一年起，我們在全世界的亞馬遜物流中心、交通運輸能力和科技基礎設施（包括 AWS 資料中心），投資了超過一千五百億美元。亞馬遜在全世界創造超過一百七十萬個直接與間接就業機會。光是二〇一七年，我們直接在亞馬遜創造十三萬份以上的新工作（還不包括收購其他公司帶來的工作機會），全球員工人數超過五十六萬人。我們提供的新工作，涵蓋各式各樣的專業工作，有人工智慧科學家、包裝專業人員，以及物流中心職員。根據我們的估算，除了亞馬遜直接聘僱的員工，亞馬遜市集在全世界多創造了九十萬個工作機會，而亞馬遜的投資計畫，也在營建、物流及其他專業服務領域，多創造二十六萬份工作。

職涯選擇：亞馬遜職涯選擇是我們深以為傲的員工支持計畫。我們會為到職滿一年的時薪制員工支付百分之九十五的學雜費與教科書費（最高一萬二千美元），協助他們在有高度需求的職業領域取得證照或兩年制學士學位，例如飛機維修、電腦輔助設計、工具機科技、醫學實驗室科技、護理等。我們為有高度需求的領域提供進修費用，不論該項技能是否與員工在亞馬遜的職務有關。自二〇一二年推出以來，全球已經有超過一萬六千名員工（美國有超過一萬二千人）參加職涯選擇計畫。職涯選擇計畫適用於十個國家，範圍將在今年稍後拓展到南非、哥斯大黎加和斯洛維亞。最受歡迎的進修領域有商用卡車駕駛、醫療保健、資訊科技。目前我們已經蓋了三十九間職涯選擇教室，設在物流中心最常有人經過的地方，以玻璃牆壁打造，希望員工在看見同仁學習新技能時受到鼓舞，想要參與計畫。

這些里程碑是許多人努力得來的結果。亞馬遜等於五十六萬名員工，也是二百萬名賣家、成千上萬名作家、數百萬名AWS開發者，以及全世界幾億名顧客，這些顧客的不滿是神聖的，敦促著我們每天精益求精。

前方的道路

今年，是股東信二十周年。我們的核心價值與方針始終沒變。我們依然懷抱雄心壯志，希望成為地球上最以顧客為中心的公司，我們明白這不是什麼簡單的小挑戰。我們知道還可以做得更好，我們在前方的諸多挑戰和機會中發掘出無窮無盡的精力。

非常感謝每一位接受我們服務的顧客，謝謝股東的支持；也感謝在各地發揮聰明才智、投注熱情、擁抱高標準的亞馬遜人。

今天仍然是第一天。

22 直覺、好奇與漫想

二〇一八年致股東信

這二十年來發生了一些奇異又不得了的事情。瞧瞧下面這些數字：

1999年：3%
2000年：3%
2001年：6%
2002年：17%
2003年：22%
2004年：25%
2005年：28%
2006年：28%
2007年：29%
2008年：30%
2009年：31%
2010年：34%
2011年：38%
2012年：42%
2013年：46%
2014年：49%
2015年：51%
2016年：54%
2017年：56%
2018年：58%

這些百分比數字代表的是，相較於亞馬遜零售本身的第一方業績，獨立第三方賣家（以中小企業為主）在亞馬遜網站上實際的銷售總額比例。第三方賣家業績占比從百分之三，一路上升到百分之五十八。

不客氣地說一句，第三方賣家狠狠打趴了身為第一方賣家的我們。

而且門檻還很高，同一時期亞馬遜零售本身的第一方業績，從一九九九年的十六億美元，增加到去年的一千一百七十億美元。身為第一方賣家，我們在同一時期的複合年均業績成長率為百分之二十五。但同時期第三方賣家的業績從一億美元，增加到一千六百億美元，複合年均成長率為百分之五十二。在此提供一項外部指標：eBay 的同期銷售總額從二十八億美元，增加到九百五十億美元，複合年均成長率為百分之二十。

獨立賣家在亞馬遜的業績，為何大勝在 eBay 的業績？獨立賣家的成長速度，何以能夠勝過亞馬遜自家組織完善的第一方銷售部門？這個問題沒有單一答案，但是我們很清楚，有一項非常關鍵的因素：

我們盡己所能投資打造並為獨立賣家提供最棒的銷售工具，幫助他們與身為第一方賣家的我們競爭。這一類的工具很多，包括幫助賣家管理庫存、處理付款、追蹤出貨、建立報告和出貨到海外的工具——而且我們每一年都發明更多工具。不過，亞馬遜物流服務和尊榮會員制是當中非常重要的兩項，加在一起，能夠大幅提升向獨立賣家購物的顧客體驗。這兩項方案現在執行得非常成功，導致大部分的人都不太清楚，在推出當時，這是多麼激進的計畫。我們擔冒很高的財務風險去投資這兩項方案，經歷過許多次內部爭論。我們必須在實驗不同構想和反覆修正的過程，持續大量投入資金。不可能事先準確預測方案的最終結果，更別說究竟是否會成功了，但是直覺和內心的聲音要我們往前推動，抱持樂觀扶植這些計畫。

直覺、好奇心與漫想的力量

從亞馬遜成立非常早期，我們就知道，我們想要打造建造者的文化——這裡的人要有好奇心、喜歡探索。他們鍾情於發明。即使是某一行的專家，也因為保有初學者的心態，而依然像個「新鮮人」。他們認為，我們就該像現在這樣做事。建造者的心態幫助我們敢於把握機會，挑戰規模宏大、難以拆解的問題，卻能謙沖自牧，明白成功之道在於反覆修正：發明、推出、重新發明、重新推出、從頭來過、調整心態、再來一次，如此反覆執行。他們知道成功絕非一條路走到底。

有時候（其實經常如此）你很清楚事業經營方向，此時做起事來很有效率，只需擬出計畫並付諸實行。反過來，在經營過程恣意探索、漫步思考不具效率，但漫想並非漫遊、閒晃，你會受預感、本能、直覺、好奇心的指引，其力量來自深信值得用一點混亂和偏離去找出方向，為顧客謀求更大利益。漫想能與效率抗衡，你兩者都要運用。而驚人的大發現，也就是「非線性」成就往往來自漫想。

從新創公司、大型企業、政府機關到非營利組織，AWS有數百萬名用戶，他們都想為終端使用者打造出更好的解決方案。我們花很多時間思考這些組織及其內部人員，想要的東西是什麼，對象包括開發者、開發經理、營運經理、資訊長、數位長、資訊安全長等。

傾聽顧客是我們打造出許多AWS功能的基礎。關鍵在於詢問顧客想要什麼、仔細聆聽他們的回答，並制訂計畫快速周詳地滿足顧客的需求（做生意講求速度！）。若非如此為顧客著想，無法鴻圖大展。但是這樣還不夠。最大的實質影響來自於顧客不知道該要求的事物，我們必須替他們發明出來，我們必須善用心中的想像力去探索事物的可能性。

AWS本身（整個AWS系統）就是一個好例子。沒有人要求發明AWS，真的沒有人。結果，這個世界其實已經準備好，也渴望使用像AWS這樣的服務，只是自己並不曉得。我們有預感，順從好奇心，承擔必要的財務風險，開始打造服務。在過程中，歷經無數次重做、實驗及反覆修正。

相同模式在AWS內部反覆應用過許多次。例如，我們用這個模式，發明了可高度擴充、低延遲的鍵值資料庫DynamoDB，有成千上萬名AWS客戶使用DynamoDB。在仔細傾聽顧客這一方面，我們聽見公司企業的心聲，他們覺得受限於商用資料庫的選擇性，對資料庫供應商的不滿已數十載，這些服務收費高昂、限制專有，而且授權條款不但範圍極為狹隘，又很嚴苛。我們花數年打造自己的資料庫引擎「亞馬遜極光」，這是與MySQL和PostgreSQL相容的全受管服務，比那些商用引擎的耐用度和可用性都更高或不相上下，成本卻只要十分之一。我們對服務推出的好成果並不驚訝。

不過，我們也看好處理特殊工作負載的專用資料庫。過去二、三十年以來，公司用關聯式資料庫處理大部分的工作負載。開發者都很熟悉關聯式資料庫，因此即便並非理想的技術，關聯式資料庫依然成為開發者的首選。雖然是次佳方案，但關聯式資料庫的資料集通常夠小，可接受的查詢延遲也夠長，所以堪用。只不過，現今許多應用程式的儲存資料數量龐大——高達兆位元組和千兆位元組——應用程式的需求條件也不可同日而語。現代應用程式的存在，推升了對低延遲、即時處理的需求，而且資料庫效能必須達到每秒處理數百萬個要求。不只需要像DynamoDB這樣的鍵值資料庫，還需要像亞馬遜彈性快取（Amazon ElastiCache）這樣的記憶體內資料庫、像亞馬遜時間流（Amazon Timestream）這樣的時間序列資料庫，以及像亞馬遜量子分類帳資料庫（Amazon Quantum Ledger Database）這樣的分類帳解決方案——用適當的工具處理適合的工作，能幫你節省金錢，並讓產品更快上市。

我們也出一份力，協助公司企業開發機器學習技術。經過長期努力，雖然其他方面有重大進展，但在剛開始，我們要將早期內部機器學習工具外部化的時候失敗了。我們花好幾年漫想，歷經實驗、反覆修正、改良，並聆聽顧客的寶貴見解，才在十八個月前開發出SageMaker，消除機器學習流程每一個步驟中，繁重、複雜和需要臆測的部分，將人工智慧大眾化。今天，數千萬名顧客透過 SageMaker 在 AWS 上面打造機器學習模型。我們持續加強這項服務，包括新增強化學習能力。強化學習具有陡峭的學習曲線和許多可靈活運用的元素，以前只有財力和技術資源最雄厚的組織才能使用，現在則不限於這些組織。假如沒有對事物感到好奇的文化，也沒有替顧客嘗試全新事物的意願，這些都不可能發生。我們以顧客為中心漫想、傾聽顧客的聲音，顧客也有所回應——AWS 現在是一個年營收運轉率三百億美元的事業，而且正快速成長。

想像不可能的事

今天亞馬遜依然是全球零售業裡的小螺絲釘。我們在零售市場的占有率，只是個位數而已，而且在我們營運的各個國家，都有比我們規模大得多的零售商。主要原因在於零售業有將近九成仍然是在線下實體店面銷售。許多年來，我們一直在思考如何在實體商店服務顧客，但我們認為必須先發明出，能夠在那樣的環境裡真正取悅顧客的事物。亞馬遜無人商店給了我們清晰的輪廓，明白必須消除實體零售最令人討厭的事情：排隊結帳。沒有人喜歡排隊等候，在我們的想像中，商店是要能夠讓人走進去，拿了想要的東西就走。

要達成那樣的目標很難，需要高難度的技術。仰賴世界各地上百位聰明的電腦科學家和工程師全心貫注才能辦到。我們必須設計並打造出專有的攝影機和陳列架，發明新的電腦視覺運算技術，包括將上百台協作攝影機擷取的畫面拼湊起來的能力。而且我們必須讓科技運作順暢，直接退居幕後，讓人無法察覺。我們從顧客的反應得到回饋，消費者形容在亞馬遜無人商店的購物經驗「很神奇」。我們現在在芝加哥、舊金山、西雅圖擁有十間商店，非常看好亞馬遜無人商店的前景。

失敗的規模也要擴大

隨著公司成長，每一件事物的規模都要擴大，失敗的實驗也不例外。如果失敗的規模沒有變大，那麼你正在投入的發明規模太小，無法真正帶來實質的影響。亞馬遜將會以符合公司規模的程度投入實驗，過程中偶爾會出現代價數十億美元的失敗。我們當然不會貿然投入，會努力讓賭注值得，但並非所有值得一賭的事物都會開花結果。我們是一間大公司，承擔這樣的大風險，是我們能為顧客及社會提供的服務。對股東來說，好消息是，只要有一次豪賭對了，報償不僅能彌補多次失敗的成本，還更勝於此。

亞馬遜 Fire Phone 和 Echo 音箱大約在同一時期開發。雖然 Fire Phone 失敗了，但是我們可以從中學到一課（開發者也能從中學習），加速打造 Echo 音箱和 Alexa。Echo 和 Alexa 的藍圖，靈感來自《星艦迷航記》的電腦。這個點子也來自另兩個我們花多年時間打造和漫想的場域：機器學習和雲端技術。從亞馬遜成立初期，機器學習就是商品推薦中不可或缺的一項環節，AWS則是給了我們接觸雲端技術的絕佳機會。經過多年研發，Echo終於在二〇一四年上市，Echo搭載的Alexa，存在於AWS雲端。

沒有顧客要求開發Echo音箱，純粹是我們漫想的結果。市場調查沒有幫助。如果你在二〇一三年去找一名顧客，並且問他：『你會想要一個大小有如品客洋芋片罐的黑色柱狀機器，放在你的廚房裡，總是開著，讓你可以對它講話、問問題，還能幫你開燈和放音樂嗎？』我向你保證，他們會用奇怪的眼神看著你說：『不了，謝謝。』」

從第一代Ehco音箱起算，顧客購入超過一億台搭載Alexa的裝置。去年我們將Alexa理解要求和回答問題的能力提高百分之二十以上，並存入數十億則知識，讓Alexa比以前更博學多聞。開發者將Alexa的技能提高了一倍，現在Alexa能夠辦到不只八萬件事情，而且與二〇一七年相比，二〇一八年顧客對Alexa說話的次數，增加了好幾百億次。內建Alexa的裝置在二〇一八年數量增加超過一倍。現在，從頭戴式耳機、個人電腦到汽車和智慧居家裝置，有超過一百五十種不同的裝置內建Alexa。將來還有更多！

最後，在結尾之前，我要再說一件事。二十多年前我在第一封股東信裡提過，我們會專注於聘僱及留任多才多藝、有能力的員工，他們要具備經營者的思維。要達成那樣的目標，必須在員工身上投資，而且就像我們在亞馬遜經常做的那樣，不僅要加以分析，更要運用直覺和從心出發，去找到屬於我們自己的路。

去年，我們將美國所有全職、兼職、臨時和季節性員工的最低薪資調升到每小時十五美元。有超過二十五萬名亞馬遜員工，以及去年聖誕假期在全美各地亞馬遜據點工作的十萬多名季節性員工，受益於此次薪資調升。我們深信，像這樣投資在員工身上有益發展事業。但那並非推動我們這麼做的因素。我們已經一直在提供有競爭力的薪資，但我們決定是時候帶頭提供不只有競爭力、而且是更優渥的薪資水準。原因是我們認為這麼做是對的。

今天，我要向最強勁的零售對手們挑戰（你們知道自己是誰！），希望你們能與我們提供的員工福利和十五美元最低薪資較勁。來吧！最好是調升到十六美元，向我們反擊。這是對所有人都有好處的競爭。

除了詳細分析，我們更發自內心為員工推出許多計畫。我之前提過有職涯選擇計畫，最高支付百分之九十五的學雜費，讓員工參加取得證照或學位的課程，只要進修領域符合條件，員工都能申請計畫，在具有高度需求領域發展職業生涯，即使將來會離開亞馬遜的工作崗位也無妨。已有超過一萬六千名員工從計畫受益，人數還在繼續增加。我們還推出與此類似的「職業技能計畫」（Career Skills），訓練時薪制員工關鍵的工作技能，例如：履歷撰寫、有效溝通和基礎電腦能力。去年十月，我們延續承諾，簽署總統推出的「向美國工人承諾」（Pledge to

America's Workers）計畫，宣布將透過各種創新培訓計畫，協助五萬名美國受僱者提升職業技能。

我們傾注資源的對象不限於亞馬遜現任員工，甚至不一定要此時此刻在亞馬遜工作，也能參與我們的計畫。為了培訓明日的勞動力，我們承諾捐贈五千萬美元，協助美國各地中小學及大學，發展科學、技術、工程、數學教育和電腦科學教育，管道包含我們近期公布的「亞馬遜未來工程師」（Amazon Future Engineer）計畫。其中，我們特別將焦點放在吸引更多女性和少數族群投入這些行業。我們也持續招募退伍軍人，從中延攬人才，依照計畫逐步在二〇二一年以前，達成聘僱二萬五千名退伍軍人與職業軍人配偶的目標。此外我們透過「亞馬遜退伍技術官兵學徒制計畫」（Amazon Technical Veterans Apprenticeship），在雲端運算等領域，為退伍軍人提供相關在職訓練。

非常感謝每一位接受我們的服務、總是激勵我們提升自我的顧客，謝謝股東始終支持我們，感謝世界各地辛勤工作、發揮先鋒精神的所有亞馬遜員工。亞馬遜的團隊都懂得用心傾聽顧客的心聲，為了顧客獲益而漫想！

今天仍然是第一天。

23 規模的社會責任

二〇一九年致股東信

致我們的股東：

我們從新冠病毒危機了解到一件事，就是亞馬遜對顧客來說非常重要。希望各位知道，我們認真看待這份責任，亞馬遜團隊協助顧客度過艱難時刻，並以此為傲。

亞馬遜人日以繼夜地工作，為有需要的人，將必需品直接送到家門口。我們看見大家對生活必需品的需求一直很高，但不像聖誕假期可事先預估出貨量攀升，這一類商品的需求量幾乎是在無預警下突然大增，讓我們的供應商和配送網絡面臨很大的挑戰。我們馬上將家庭必需品、醫療用品和其他不可或缺的用品，列為必須優先保障庫存與出貨的商品。

我們的全食超市繼續營業，為顧客提供新鮮食物與其他必要物品。我們付諸行動幫忙最有可能受病毒感染的人士，全食超市每天開門營業的第一個小時，特別保留給年長者進入購物。我們暫時關閉亞馬遜書店（Amazon Books）、亞馬遜四星商店（Amazon 4-star）和亞馬遜快閃店（Amazon Pop Up），因為這些商店賣的不是生活必需品。我們為在暫停營業商店工作的員工，提供了到亞馬遜其他單位工作的機會。

最重要的一點，除了提供必要的服務，我們也關注全世界員工與承包商的安全，我們由衷感謝他們拿出偉大的精神堅守崗位，我們承諾守護他們的健康與福祉。向醫療專業人士與衛生主管機關諮詢相關細節以後，為了協助團隊成員維持身體健康，我們大刀闊斧改變經營網絡與全食超市的一百五十多項流程，並且每天稽查相關措施是否正確實施。我們在全球據點發口罩、量體溫，保障員工和支援我們的職員。我們定期消毒門把、樓梯扶手、置物櫃、電梯按鈕和觸控式螢幕，並在亞馬遜的經營網絡，統一使用消毒巾和乾洗手。

我們也擴大實施社交距離管控措施，保護我們的同仁。我們取消交班時的站立會議，改用白板傳遞資訊，錯開休息時間，並將休息室的椅子散開坐。雖然在新的社交距離規定下，培訓新進人員並不容易，但我們仍然確實為每位員工進行六小時的安全講習。我們更改培訓措施，員工不必聚集在同一個地方。此外，也配合社交距離調整我們的聘任流程。

接下來，為了保護員工，我們可能會定期篩檢亞馬遜的所有員工，對象包括無症狀的亞馬遜人。在各個產業實施全面定期篩檢，不僅有助於保障人們的健康安全，還能幫助經濟運作復甦。想要落實，社會需要比目前更強大的篩檢能力。假如每個人都能定期接受篩檢，對抗新冠病毒的效果就會大大提升。篩檢結果為陽性的人，可以受到隔離及獲得照顧；篩檢結果為陰性的人，則是可以拿出信心，返回經濟體系繼續工作。

我們開始以漸進的方式擴大篩檢能力。有一群亞馬遜人（研究科學家、專案經理、採購專門人員、軟體工程師），從原本的日常工作，改編至專案團隊，負責落實這項計畫。我們已經開始組裝所需設備，打造我們的第一間實驗室，希望能儘快開始篩檢一小部分的前線員工。我們不確定能不能追上疫情發展的速度，但我們認為值得一試，而且隨時可以分享我們學到的經驗。

探索長久之計的同時，我們也致力為員工提供即時的協助。我們在四月底，將美國據點的最低時薪調升兩美元、加拿大最低時薪調升兩元加幣、英國最低時薪調升兩英鎊，並將許多歐洲國家的最低時薪調升兩歐元。除此之外，我們將加班費調高到一般加班費的兩倍——最低每小時三十四美元——比平常一倍半的加班費還要高。光是四月底，薪資調高的成本就超過五億美元，以後可能還會增加。雖然我們認為成本很高，但我們相信這是因應目前狀況的正確做法。我們也設立了「亞馬遜救助基金」（Amazon Relief Fund）——創始基金二千五百萬美元——目的在協助獨立作業的配送服務夥伴及其駕駛人員、亞馬遜物流部隊（Amazon Flex）相關人員，以及財務有困難的臨時員工。

三月時，我們的物流與配送網絡開了十萬個新的職缺。本週稍早，成功招募到員工之後，我們宣布還會創造另外七萬五千個工作機會，因應顧客的需求。這些新進人員將協助顧客在亞馬遜買到必需品。我們知道，全世界有許多人因為失業或強制休假而遭遇財務危機。我們很樂意請這些人進入我們的團隊，直到情況恢復正常為止，而且我們不介意前雇主是否會請他們回去工作，也不介意他們另謀高就。我們已經請了喬．達菲（Joe Duffy）和妲比．葛里芬（Darby Griffin）。喬原先在紐華克機場擔任技師，失業後，有個在亞馬遜擔任營運分析師的朋友告訴他這裡有開缺，他就來應徵上班了。妲比原本是達拉斯的幼稚園老師，三月九日學校關閉了，於是她來亞馬遜工作，目前負責協助管理新貨庫存。我們很歡迎妲比在這裡工作，直到她能回教室教課。

亞馬遜積極保障顧客的權益，不讓有心人士有機可乘。新冠肺炎導致物價哄抬，所以我們將超過五十萬件商品從商店下架，並將全球超過六千個違反亞馬遜公平訂價原則的賣方帳號停權。亞馬遜將疑似哄抬新冠肺炎相關商品價格的賣家資訊，提供給四十二間州檢察長辦公室。為了快速因應物價哄抬事件，我們配合州檢察長設立專門聯絡管道，以便快速通報顧客的申訴案件。

亞馬遜雲端運算服務也在這場危機中扮演要角。就眼下的情況來看，組織必須要能取得可擴展、可信賴、安全度高的電腦運算能力，用來輔助關鍵的健康醫療工作、協助學生繼續學習，以及讓有史以來最多工作者用網路在家繼續工作。醫療院所、製藥公司、研究實驗室用AWS照顧病患、尋找可能的治療方式，並在許多方面想辦法減輕新冠肺炎的衝擊。全球學術機構在從當面授課，轉為使用虛擬教室，用AWS確保學生能繼續求學。政府機關則是利用AWS當作安全平台，想辦法擴大解決疫情的能力。

我們與世界衛生組織合作，提供先進的雲端科技和專業技術知識，用於追蹤病毒、了解爆發情形、更有效地遏止病毒散播。世界衛生組織用我們的雲端技術打造大型資料湖、統合各國的流行病學資料、將醫療訓練影片快速翻譯成不同的語言，並且幫助全球健康醫療工作者為患者提供更好的治療。我們另外設置了一個公共的AWS新冠肺炎資料湖，集中儲存最新彙整的病毒散播、病毒特性、相關症狀資訊，供對抗疾病的專業人士存取及分析最新資料。

我們也推出AWS診斷開發計畫（AWS Diagnostic Development Initiative），協助用戶為市場開發更精準的新冠肺炎診斷方式。更有效的診斷方法有助於加快療程的速度、遏止疫情蔓延。我們投入二千萬美元促進開發速度，協助用戶利用雲端技術因應挑戰。雖然這項計畫旨在處理新冠肺炎，但我們也放眼未來，我們會資助有可能阻止未來傳染病猛烈爆發的診斷研究計畫。

全球用戶運用雲端技術擴大服務規模，挺身對抗新冠肺炎。我們加入紐約市新冠肺炎快速反應聯盟（New York City COVID-19 Rapid Response Coalition），開發聊天機器人，協助紐約高風險年長者即時接收正確的醫療資訊，並讓高風險年長者的其他重要需求獲得滿足。洛杉磯聯合學區（Los Angeles Unified School District）有七十萬名學生要改上遠距教學課程，為了因應洛杉磯聯合學區的需求，AWS協助建立接線中心，應付資訊科技問題、提供遠距支援，並請教職員接電話。我們為美國疾病管制中心提供雲端服務，協助成千上萬名公共衛生從業人員和臨床醫師蒐集新冠肺炎資料，並且告知應對措施。在英國，AWS為一項計畫提供雲端運算架構，分析占床率、急診收容量和患者等待時間，協助英國國家健保局判斷如何有效分配資源。在加拿大，全球最大的虛擬照護網絡「安大略遠距醫療網絡」（Ontario Telemedicine Network），為因應疫情持續延燒，拓展AWS影片服務的規模，滿足尖峰時段百分之四千的影片觀看需求，協助國民對抗疫情。在巴西，AWS將為聖保羅州政府提供雲端運算基礎設施，使州內公立學校的一百萬名學生能夠順利透過網路線上學習。

我們的Alexa保健團隊依照美國疾病管制中心的指示，讓美國用戶可以在家查自己染上新冠肺炎的風險程度。使用者可以問：「Alexa，如果我覺得自己得了新冠肺炎該怎麼做？」或是「Alexa，如果我覺得自己感染新冠病毒了，該怎麼做？」Alexa會提出一連串關於症狀與可能接觸情形的問題。Alexa再根據對方的回答，提供疾病管制中心的指示。我們也依照日本厚生勞動省的指示，在日本打造類似的服務。

我們讓顧客用亞馬遜網站和Alexa，以輕鬆的方式直接捐助在前線對抗新冠肺炎危機的慈善機構，包括賑饑美國組織（Feeding America）、美國紅十字會和拯救兒童基金會（Save the Children）。Echo音箱使用者可以說：「Alexa，捐錢給賑饑美國新冠肺炎應對基金。」我們在西雅圖與一家餐飲業者合作，在疫情爆發期間，將七萬三千份餐點，分送給位於西雅圖和金郡（King County）的二千七百位年長者及醫療弱勢居民。此外，我們捐出八千二百台筆記型電腦，協助西雅圖公立學校學生在必須遠距上課的時候有設備可用。

新冠肺炎之外

縱使時局艱困，這對我們而言是一記當頭棒喝，提醒我們，亞馬遜可以大幅改變人們的生活。顧客需要我們，而我們能夠出力協助，這是何其幸運。亞馬遜有快速創新的規模和能力，可以帶來正向影響，成為一股推動進步的整合力量。

去年，我們與前聯合國氣候變遷秘書長暨全球樂觀主義（Global Optimism）組織創辦人克莉絲緹亞娜．費蓋雷斯（Christiana Figueres）共同創立《氣候承諾》，成為第一個簽署承諾的組織。亞馬遜將依照承諾，致力提早十年達成《巴黎協定》（*Paris Agreement*）的目標，在二〇四〇年做到淨零碳排放量。這項目標對亞馬遜是極大的挑戰，因為我們的工作不只是流通資訊，我們還有龐大的實體基礎設施，每年在世界各地配送超過一百億件商品。我們相信，若亞馬遜能提早十年做到淨零碳排放，那麼任何公司都做得到，我們希望與所有公司攜手合作，共同實現這個目標。

因此，我們邀請其他公司一起簽署《氣候承諾》。簽署者同意定期檢測並通報溫室氣體排放量、落實《巴黎協定》的減碳策略，並在二〇四〇年之前達成每年淨零碳排放的目標。（我們即將公布新簽署者名單。）

為了實踐《氣候承諾》，我們的計畫包括向密西根電動車製造商里維安（Rivian）採購十萬輛電動貨車。亞馬遜預計在二〇二二年讓一萬輛里維安的新電動貨車上路，並在二〇三〇年讓十萬輛電動貨車全數上路。這麼做對環境有益，但這份承諾的效果不僅於此。這類投資能讓市場知道，有必要開始投資開發大型跨國企業轉型低碳經濟所需的新科技。

我們也致力於在二〇二四年達到再生能源百分之八十的目標，並在二〇三〇年做到百分之百使用再生能源。（實際上，亞馬遜團隊努力在二〇二五年做到全面使用再生能源，我們訂立了一項具挑戰性，但不失可靠的實踐計畫。）亞馬遜在全球推行八十六項太陽能與風力發電計畫，每年生產二百三十萬瓩以上的電量，供應不只六十三億度電力，這些電力足以供五十八萬戶美國家庭使用。

我們在減少包裝浪費方面大有斬獲。十多年前，我們打造出不惱人包裝計畫，鼓勵製造商採用百分之百回收材質，以便於開啟的方式包裝商品，這種包裝方式不需要另外裝箱，就能直接出貨給顧客。二〇〇八年起，不惱人包裝計畫省下超過八十一萬公噸的包材，減少十四億個配送紙箱的使用量。

儘管網路購物已經比到實體店面購物更能減少碳排放量了，我們還是大舉投資在這些計畫上，努力將碳足跡降到零。亞馬遜的永續發展科學家花了三年多的時間，開發各種模型、工具和指標來評估我們的碳足跡。他們在詳細分析後發現，網路購物的碳排放量向來低於開車到商店購物的碳排放量，因為平均而言，貨車送一趟貨，大約能讓一百輛汽車不必開上路來回奔波。我們的科學家開發出一套模型，針對用網路從全食超市訂購雜貨與開車到離你最近的全食超市買東西，比較碳濃度的高低。研究發現，以平均購物量來看，線上宅配雜貨的每件商品碳排放量比到店採購低百分之四十三。在少量購物方面，線上宅配雜貨能減少更多碳排放量。

AWS本身就比公司內部的傳統資料中心更有效率。有兩點主因：使用率比較高，而且我們的伺服器和設施比多數公司使用的自家資料中心更有效率。專屬某間公司的一般資料中心，伺服器使用率大約百分之十八。這些公司需要剩餘能量，來應付可觀的高峰使用率。AWS的優勢在多租用戶模式和超高伺服器使用率，而且AWS成功提高設施與設備的能源效率，例如，AWS有幾間資料中心，使用比傳統空調設備效率更高的蒸發冷卻技術。451研究公司（451 Research）調查發現，AWS的基礎設施比其他美國企業資料中心的中位數，能源效率高三．六倍。加上使用再生能源，種種優勢讓AWS能以減少百分之八十八碳足跡的方式，辦到與傳統資料中心相同的事。別以為我們不會拿下另外的百分之十二，我們會投資更多再生能源計畫，讓AWS達到百分之百零碳足跡。

善用規模

過去十年，沒有公司比亞馬遜創造更多就業機會。亞馬遜在全世界直接僱用八十四萬名員工，包括五十九萬多名美國勞工、十一萬五千多名歐洲勞工，以及九萬五千多名亞洲勞工。亞馬遜總共直接與間接在美國提供了二百萬份工作，包括亞馬遜投資案帶來的六十八萬多個就業機會，例如營建、物流、專業服務工作，以及在亞馬遜販售商品的中小企業所創造的另外八十三萬份工作。我們在全球創造將近四百萬個工作機會。其中許多是初階工作，讓人們有機會踏入職場，我們深以為傲。

亞馬遜發給員工傲視業界的十五美元最低薪資，並提供完整的福利措施。有超過四千萬美國人收入低於亞馬遜員工的最低薪資，很多人只賺得聯邦政府規定的最低時薪七．二五美元。我們在二〇一八年將最低起薪提高到每小時十五美元，對在我們物流中心工作的數十萬名員工立刻帶來實質影響。希望其他大型業主也能加入我們的行列，一起提高最低薪資。我們也會繼續遊說政府將最低時薪設為十五美元。

除了薪資，我們也希望能為勞工改善其他生活條件。亞馬遜的全職員工都加入健康保險、適用四〇一（K）制度、享有二十週有薪產假及其他福利，與亞馬遜的層級最高的經理人享受相同的福利措施。隨著經濟快速變遷，我們更清楚認識到，勞工必須持續培養工作技能，才跟得上科技的腳步。因此我們花七億美元，讓超過十萬名亞馬遜人在工作地參加針對高度需求領域開設的培訓計畫，例如醫療保健、雲端運算、機器學習等。自二〇一二年起，我們實施職涯選擇計畫，為想要進入高度需求行業的物流中心同仁預先支付進修費用。亞馬遜支付高達百分之九十五的學雜費，幫助員工在符合條件的學習領域取得證照或學位，提高他們在高度需求領域謀職成功的機率。計畫推出後，有超過二萬五千名亞馬遜人接受高需求職業培訓。

為了確保下一代擁有在科技經濟中成功所需要的技能，我們在去年推出一項名為「亞馬遜未來工程師」的計畫，目的在教育及訓練低收入與弱勢的年輕族群，幫助他們在電腦科學領域發展職業生涯。我們懷抱雄心壯志：每年要幫助成千上萬名學子學習電腦科學與程式編碼。最近，亞馬遜未來工程師計畫在全美各地資源不足社區，資助超過二千所學校開設電腦科學概論與進階先修電腦科學班。而且亞馬遜未來工程師計畫每年提供四萬美元獎學金，發給一百名低收入家庭的電腦科學系學生，供他們念完大學四年。此外，我們保證獎學金得主能在念完第一年的大學課程後進入亞馬遜有薪實習。我們在英國推行的計畫，則是提供一百二十個見習工程師的工作機會，幫助來自弱勢家庭的學生踏入科技業。

此時此刻，我的全副時間心力都投注在新冠肺炎議題，思考亞馬遜如何在這段期間幫助大家。非常感謝亞馬遜夥伴共體時艱，展現無比的堅毅與聰明才智。請放心，我們一定會放眼未來，不拘泥於眼前危機，將從中學到的見解與經驗發揚光大。

我們可以用蘇斯博士（Theodor Seuss Geisel）的話來反思眼前的處境：「**壞事發生時，有三種選擇：任由它定義你、讓它摧毀你，或因它強大。**」

我對這個文明社會將如何選擇抱持樂觀態度。

即使現況如此，今天仍然是第一天。

24 與眾無異 vs 與眾不同

二〇二〇年致股東信

亞馬遜的第一封股東信寫於一九九七年，我在那封股東信談到，亞馬遜的願景是運用網路的力量重新定義顧客服務，從而建立一個「長久的事業」。信裡提到，亞馬遜從一百五十八名員工增加至六百一十四人，擁有顧客會員數超過一百五十萬。依分割比例調整股價後，以每股一．五美元上市。我在股東信裡寫下，那是亞馬遜的第一天。

現在，亞馬遜繳出一張漂亮的成績單。亞馬遜人依然全力以赴地服務顧客、盡力讓顧客開心滿意。去年亞馬遜聘僱五十萬名員工，全球各地直接聘僱的員工達一百三十萬人。全球亞馬遜尊榮會員人數突破二億。超過一百九十萬中小企業在亞馬遜商店販售商品，貢獻近六成的零售業績。顧客將一億多件居家智慧裝置與 Alexa 連結使用。AWS 為數百萬名顧客提供的服務，在二〇二〇年底創下年營收運轉率達五百億美元。無論是尊榮會員制、亞馬遜市集，亦或 Alexa、AWS，在一九九七年皆尚未發明，連構想都未成形，沒有任何一項是預先設定的服務，我們推出這每一項服務，都承擔了極高風險，殫精竭慮。

我們的付出為亞馬遜股東創造了價值一・六兆美元的財富。誰擁有這些財富？身為亞馬遜董事長，我所持有的股票當然是一筆很大的財富。儘管如此，八分之七以上的股票握在其他股東手中，代表亞馬遜為這些股東創造了一・四兆美元。他們是誰？這些股東包含退休基金、大學基金、四〇一（K）共同基金以及普羅大眾。就在我坐下執筆撰寫這封致股東信時，我收到瑪莉和賴瑞寄來一封短信：

貝佐斯先生：

您好。感謝您將亞馬遜經營得如此成功！寫這封信是想讓您知道亞馬遜為我們一家帶來多大的幫助。

一九九七年亞馬遜上市，我們家兒子萊恩當時十二歲，是個熱愛閱讀的男孩。我們在財力有限的情況下，在他那年生日買了這間新書店的兩股股票當作他的生日禮物。大約不到一年，這兩股股票從一股分成兩股，又從一股分成三股，然後再一次，從一股分成兩股，所以他有二十四股亞馬遜股票。因為兒子還未成年，所以股票登記在我們名下。我們本來是想成立信託，只是始終沒去辦理，但他知道股票是要給他的。

這些年萊恩有好幾次想把股票變現，我們每次都告訴他，我們可以跟他「買回」、然後再把這些股票「轉送」給他。這是我們一家人常講的老笑話。

由於亞馬遜公司的股價一翻再翻，我們決定做個處理，將股票分給我們的兩個孩子，萊恩和凱蒂，並留一些給我們自己。

今年萊恩為了買房子要賣出一些股票。交易前，我們必須將紙本憑證轉換成電子憑證，我們找出了當初的股票憑證，發現第一張股票憑證上顯示的發行數字，是個非常低的數字。真是難以想像之後亞馬遜又發行了多少股票。

隨信附上二十四年前，亞馬遜於一九九七年某日發行的第X股股票憑證副本，這兩股股票帶給我們家美好的影響。看見亞馬遜的股價連年成長，我們都很高興，也很喜歡告訴別人這個故事。

您是一位非常成功的執行長。我們簡直無從想像，您與亞馬遜團隊究竟為亞馬遜付出多少，才讓亞馬遜成為地球上最成功、最有創造力的一間公司。祝福您，希望您有多一點休息的時間，也有時間去多做一些您想做的事，例如探索太空！

我們等不及看亞馬遜的下一站！來日上火星！

瑪莉與賴瑞敬上

附註：真希望當年我們買的是十股！

經常有人寫類似的信給我。就我所知，有許多人拿亞馬遜股票換來的錢念大學、應急、購屋、度假、創業、做公益，太多了，我無法一一列舉。亞馬遜為股東創造一筆深具意義的財富，並且帶來更美好的生活，我引以為傲。

我也曉得，亞馬遜創造的價值更甚於此。

創造勝於消耗

如果你想在事業上（實際是生活中）獲得成功，創造勝於消耗是不二法門。你應該要把目標放在和你互動的每一個人身上，為他們創造價值。若一家公司不能替所觸及的人創造價值，即便表面上看起來成功，也無法長久，注定被淘汰。

請記得，股價並非反應過去，**股價是預測公司未來現金流所折算的現值**。股票市場的實際作用是預測未來。但我要暫時打住，先談一談在已過去的二〇二〇年，我們替股東創造了多少價值？這個問題相當簡單，從現有會計制度就能得出答案。二〇二〇年，亞馬遜的淨收入為二百一十三億美元。假如亞馬遜現在不是一間有許多股東的上市公司，而是一家一人所有的單一所有權企業，代表這一名所有人在二〇二〇年入帳二百一十三億美元。

那員工賺了多少錢呢？這也是回答起來相當容易的價值創造問題。我們可以檢視亞馬遜的薪資支出，公司在薪資上的支出就是員工的收入。二〇二〇年亞馬遜員工薪資所得為八百億美元，加上一百一十億美元的福利，與各類薪資稅收款項共九百一十億美元。

第三方賣家呢？亞馬遜內部的銷售夥伴服務團隊可以回答這個問題。根據銷售夥伴服務團隊的估計，二〇二〇年第三方賣家在亞馬遜網站販售商品所得利潤，落在二百五十億至三百九十億美元之間。在此我採保守數字，以二百五十億美元計算。

而關於顧客獲取多少價值，在這方面，我們得先將顧客分成兩類，一類是普通消費者，一類是 AWS 客戶。

先來談談一般消費者。亞馬遜為消費者提供低廉的價格、豐富的選項及快速到貨的服務。不過，為了方便計算消費者獲取的價值，我們先全部忽略，只考量一項因素：亞馬遜為消費者節省的時間。

消費者在亞馬遜網站購物，百分之二十八的購物決定能在三分鐘內完成，而且百分之五十的購物決定花不到十五分鐘。相較之下，前往實體店面購物的話，你得開車、找車位停車、在貨架間尋找、排隊結帳、回頭取車、再開回家。有研究指出，到實體店面購物一趟通常大約要花一小時。假設在亞馬遜網站購物一般要花十五分鐘，那你一週就能省下好幾趟跑實體店面的時間，一年省下不只七十五個小時。對二十一世紀初忙碌的現代人來說，這一點非常重要。

把時間換算成錢，保守估計，一小時換成十美元，七十五小時乘以十美元，減去尊榮會員制的會費，等於尊榮會員制為每位會員創造六百三十美元的價值，再乘以二億名會員，可得出二〇二〇年亞馬遜共為消費者創造一千二百六十億美元的價值。

但要計算AWS為客戶創造的價值就很困難了，理由是每位AWS客戶的工作負載差異很大。我們還是來算一算，不過我先聲明誤差很大。相較在廠區實際作業，採用雲端技術能直接降低多少成本，每位客戶的數據不同，合理估計為百分之三十。以AWS二〇二〇年全年營收四百五十億美元來計算，百分之三十表示替客戶創造一百九十億美元的價值（原先他們的成本支出為六百四十億美元，現在只要付給AWS四百五十億美元）。計算AWS價值的困難之處在，客戶改採雲端作業所直接省下的成本，其實是占比最小的一筆獲益。軟體開發加速的效益更可觀，可大幅提高客戶的競爭力與營收數字。我們無從估算客戶因此獲得多少價值，只能說一定高於採用AWS所直接省下的成本。保守估算（別忘了我們只是粗估），我認為，AWS為客戶省下的直接與間接成本都是一百九十億美元，因此二〇二〇年AWS共為客戶創造三百八十億美元的價值。

有鑑於此，亞馬遜在二〇二〇年共為AWS客戶與一般消費者創造一千六百四十億美元的價值。

亞馬遜總共創造的價值：

股東	$210 億
員工	$910 億
第三方賣家	$250 億
客戶與一般消費者	$1640 億
合計	$3010 億

如果每個群體都有一張與亞馬遜的互動損益表，那麼表上的這些數字就是所得的「淨利」。這些數字說明他們為何選擇替亞馬遜工作、在亞馬遜網站販售商品，以及向亞馬遜購買東西。理由就是亞馬遜為他們創造價值。這個創造價值的過程，並非把錢從一個口袋掏向另一個口袋的零和遊戲。把眼界放大至社會各界，你會發現一切真正創造價值的活動皆以發明為本，價值創造就是衡量創新的度量。

員工、賣家、顧客選擇亞馬遜，與我們往來，我們為其創造價值，當然不能純粹以金錢價值來衡量，金錢不代表一切。股東與我們的關係相對而言單純。股東可以選擇投資亞馬遜並持有股票一段時日。我們偶爾發通知給股東，請股東出席年度大會及執行投票權，他們甚至可以忽視通知，放棄出席投票。

亞馬遜與員工的關係就很不一樣。我們訂定員工要遵循的流程和標準，要求員工接受訓練和取得各類證照，而且員工必須在指定時間上班。亞馬遜與每一名員工之間有各式各樣的往來互動，不僅僅是發薪水、享福利，還涉及許多其他方面的細節。

最近貝森摩（Bessemer）倉庫工人投票表決不參加工會，身為亞馬遜董事長，我是否因此卸下心中一塊大石？沒有。我認為亞馬遜必須更照顧員工。儘管亞馬遜得到員工大力支持，投票結果一面倒，但我知道，**亞馬遜必須為員工擘畫更好的願景，如何為員工創造價值，他們如何成功。**

有些新聞報導說亞馬遜的員工是毫無指望的靈魂、被當成機器人使用。或許你讀了新聞報導，認為亞馬遜不在乎員工，但那並非實情。這些員工經驗豐富、獨立思考，對選擇雇主自有一套看法。我們對物流中心員工進行調查，高達九成四的員工表示會推薦朋友來亞馬遜工作。

員工可在不影響工作下，隨時休息伸展一下、喝杯水、上廁所、與主管交談。這些都是規定外的休息時間，並非上班時間所含的三十分鐘午餐與三十分鐘休息時段。

亞馬遜沒有設立不合理的績效目標，我們依照員工的資歷與實際績效數據，訂定可達成的績效目標。亞馬遜也知道，若以每週、每日、每小時來衡量，員工績效會受許多因素干擾，因此亞馬遜拉長員工績效的評量期間。假如員工在一段期間接連無法達標，主管會找員工了解情況並給予指導。

此外，主管也會指導可能承擔更多責任的優異員工。實際上，有百分之八十二是積極正向的指導，對象為達成或超越期待的員工。不適任終止聘僱的員工比例不到百分之二．六。（二〇二〇年新冠肺炎疫情衝擊公司營運，因不適任終止聘僱的員工人數比例更少。）

地球上最棒的雇主與最安全的工作場所

亞馬遜有上千人組成的龐大營運團隊。我們的營運團隊其實非常關心時薪制員工，我們以亞馬遜的優良工作環境為榮。此外，亞馬遜也很驕傲，我們不僅為電腦科學家和高學歷人士創造工作，也為其他弱勢族群製造工作機會。

我很清楚，儘管有這些成就，我們依然要更努力為員工的職涯發展擘畫更宏大的願景。我們不斷鞭策自己成為地球上最以顧客為中心的公司，這是亞馬遜壯大的理由，這項期許永遠不會改變。現在我要加入一項使命：成為地球上最棒的雇主與最安全的工作場所。

接下來我要擔任亞馬遜的執行董事長，專心推動新計畫。我是位發明者，我樂於發明、也擅長發明，我也從發明創造最大的價值。我很期待與充滿熱情的龐大經營團隊合作發明新事物，使亞馬遜成為地球上最棒的雇主與最安全的工作場所。亞馬遜對細節向來保持彈性，但我們會堅持不懈地去實踐願景。只要我們下定決心，從來沒有失敗過。這一次，我們也一定會成功。

舉例來說，亞馬遜深入研究職場安全議題。在亞馬遜有大約四成職業傷害與肌肉骨骼不適（musculoskeletal disorders, MSDs）有關，譬如：重複相同動作引起的扭傷及拉傷。肌肉骨骼不適常見於亞馬遜員工的工作，在入職一開始的六個月最常發生。有鑑於亞馬遜有許多員工是第一次做體力工作，我們有必要為新進員工找出減緩肌肉骨骼不適的方法。

於是，二〇二〇年我們在北美地區和歐洲，針對三百五十個據點的八十五萬九千名員工，推出「職安達人計畫」（WorkingWell），將員工分成小組學習有關人體力學、保健與人身安全的知識。這些概念不僅降低職場傷害，也有益於非工作的日常活動。

亞馬遜正在開發新的自動排班方式，希望透過精密演算，讓工作中使用到不同肌肉與肌腱的員工輪調，減少重複動作，避免發生肌肉骨骼不適症狀。我們將在二〇二一年，根據這項新技術，實施新的工作輪調辦法。

我們注重肌肉骨骼不適早期預防的措施已收到成效。二〇一九年至二〇二〇年，發生肌肉骨骼不適的整體比例下降百分之三十二，以肌肉骨骼不適為由請假的人數減少至一半以下。

亞馬遜聘請六千二百位安全衛生專業人員，用職安科學解決許多複雜問題，以及建置新的業界最佳實務做法。二〇二一年，我們將在職安計畫上投資三億多美元，包括先以六千六百萬美元打造新科技，預防起貨機與其他工業用車輛發生碰撞。

只要亞馬遜帶頭，就會有人跟隨。兩年半前，亞馬遜率先提供最有競爭力的薪資（並非跟風），將時薪制員工的最低薪資調升至十五美元，我們這麼做是因為相信這是對的事。加州柏克萊大學與布蘭戴斯大學的經濟學家近期發表一篇論文，該文分析亞馬遜將最低起薪調高至一小時十五美元的影響，證實我們從員工、家庭、社區聽到的好消息。

我們調高起薪的做法不僅嘉惠亞馬遜與同一地區的員工，更有助提振在地經濟。同份研究顯示，亞馬遜提高薪資的做法，促使同一勞動市場的雇主提高薪資，平均幅度為百分之四．七。

我們不會停下領先的腳步。雖然有百分之九十四的員工表示會推薦朋友到亞馬遜工作。但若想成為地球上最棒的雇主，就不能自滿於此，要以所有員工都推薦為目標。亞馬遜將在員工薪資、福利、進修機會等方面領先業界，也會繼續尋找其他著力點。

若股東擔心，期許成為地球上最棒的雇主和最安全的工作場所會使亞馬遜鬆懈，不再矢志做地球上最以顧客為中心的公司，關於這點，我要請各位放十二萬分的心。請這樣思考：如果我們連消費性電子商務和AWS這兩種性質迥異的兩種事業，都能同時經營得有聲有色，我們一定也能同時實踐這兩項願景。事實上我很有信心這兩者會相互增強。

實踐《氣候承諾》

在這封股東信的前一個版本，寫到這一小節，我本來要先舉例論證人類確實導致了氣候變遷。坦白說，其實我認為，時至今日人類導致氣候變遷已是不爭的事實。我們不必再去論證光合作用或地心引力的真偽，也不必證明水在海平面的高度要攝氏一百度才會沸騰。氣候變遷與這些事，都是事實。

不久前，大部分人都相信有必要解決氣候變遷的問題，但也認為成本很高，會因此威脅到人們的就業機會、競爭力和經濟成長。現在我們對問題的認識更清楚了。拿出智慧對抗氣候變遷不僅能阻止災難，還能帶動經濟效率、提升科技和降低風險。三種好處加起來能創造更多更棒的工作機會，使兒童更健康快樂，提升工作生產力，開創更繁榮的未來世界。但這並不表示實行起來會很容易，這麼做有一定的難度，而且未來十年會是關鍵。二〇三〇年的經濟運作模式必須要與現在截然不同。亞馬遜要成為變革的核心。二〇一九年九月，我們與全球樂觀主義組織攜手推出《氣候承諾》，期望以積極作為改革問題。世界上有愈來愈多企業深知解決氣候變遷勢在必行，二十一世紀就是解決氣候變遷的最好時機。亞馬遜必須加入這列隊伍。

如今不到兩年，就有五十三間來自各行各業的公司簽署《氣候承諾》。百思買、IBM、印福思、賓士、微軟、西門子、威訊等簽署公司承諾，早於《巴黎協定》規定日程十年，要在二〇四〇年做到全球事業淨零碳排放。《氣候承諾》也要求簽署人定期監測報告溫室氣體排放量、以實際的商業變革與創新做法執行減碳政策，並額外採取對社會有益且實際、永久的量化措施，抵銷尚未歸零的碳排放量。可靠、有品質的抵銷措施非常珍貴，在尚無低碳替代措施的過度時期，用以維持經濟活動。

《氣候承諾》簽署人承諾要以有意義、實際、遠大的行動來做出改變。優步（Uber）預計在二〇三〇年以前，在加拿大、歐洲和美國等地，啟用零碳排放的平台；漢高（Henkel）計畫將生產用的電力全面改用再生能源；亞馬遜正努力依照自己設立的目標在二〇二五年之前百分之百採用再生能源（比我們最初設立的二〇三〇年提早五年）。目前，亞馬遜是全世界最大的再生能源企業買主，我們擁有六十二座符合公共供電等級的風力和太陽能發電設施，並在世界各地一百二十五座物流與分揀中心建造太陽能屋頂。這些計畫足以產生六百九十萬瓩的電量，每年供應二百多億度的電力。

亞馬遜的營運大力仰賴交通運輸，因此這是亞馬遜在二〇四〇年達成淨零碳排放的最大阻礙。為了加速推動市場採用電動車輛技術，幫助各家公司改採更環保的科技，我們在里維安公司投資超過十億美元，以及訂購十萬輛電動車。我們也與印度的馬亨達公司（Mahindra）及歐洲的賓士汽車合作。里維安公司的客製電動車已經可以上路了，今年二月已率先在洛杉磯試行。最快明年將有一萬輛新車上路，二〇三〇年之前全部十萬輛車也將上路使用，預估這將會減少數百萬公噸的碳排放量。我們呼籲各行各業加入《氣候承諾》有一項重要原因：市場會知道必須著手開發新科技，讓《氣候承諾》簽署人實踐承諾。亞馬遜向里維安採購十萬輛電動貨車，就是最好的示範。

為了進一步加速實現零碳經濟所需的新科技，亞馬遜在去年六月成立了氣候承諾基金會。初始基金二十億美元，投資對象為眼光長遠、有益低碳經濟轉型的公司。亞馬遜已宣布資助除碳科技公司（CarbonCure Technologies）、帕查瑪（Pachama）、紅木材料（Redwood Materials）、里維安、Turntide Technologies、ZeroAvia、Infinium。亞馬遜投資有助打造零碳經濟的公司，以上這些致力創新的公司，只是其中幾例。

我個人也提供一百億美元的資金，促進未來十年所需要的系統性變革。我們支持優秀的科學家、行動主義者、非營利組織、環境正義倡導組織，以及其他努力對抗氣候變遷、保護大自然的人士與團體。去年底，第一筆資金挹注十六個組織，這些組織努力為人們帶來有實際改變的創新解決方法。成功對抗氣候變遷有賴大企業、小公司、政府、全球化組織與個人齊心努力。我很高興自己能參與其中，我很樂觀，相信人類必能攜手解決這項挑戰。

與眾趨同將無法生存

這是我以亞馬遜執行長身分所寫的最後一封年度股東信，在這最後，我很希望你明白一個極重要的觀念，也希望所有亞馬遜人銘記於心。

理查・道金斯（Richard Dawkins）在他非常了不起的著作《盲眼鐘錶匠》（*The Blind Watchmaker*）中，有一段談到生物的原理：

> 生物要努力，才能避免死亡。順其自然什麼都不做，就會死亡，回到與環境一致的狀態。去量一量生物的體溫、酸鹼度、含水量或電位，你會發現，活著的生物體狀態數值與周遭環境迥異。例如，人類的身體溫度通常高於周遭環境，在寒冷的天氣裡，人體必須努力運作，才能維持這溫度上的差異。假如一個人死了，他的身體不再運作，溫度的差異就會開始消失，到最後，他的身體溫度會變得與周遭環境的溫度一樣。並非所有

動物都會努力避免與環境溫度趨同，但所有動物都有類似的機制。舉個例子，乾燥國家的動植物會想辦法避免體內水分散失至體外，努力保持細胞含水量，對抗水往乾燥處流失的自然作用。如果這些動植物的努力失敗就會死亡。總的來說，要是生命體不積極防止差異消失，就會融入周遭環境，再也不是自主生物。生命體死亡後，便是這情景。

道金斯寫這段話並未暗指什麼，但這段話真是太好的隱喻，對亞馬遜深具意義，我認為，這段話也是在說所有企業、組織和我們每個人。請想一想，這個世界多努力地讓你變得與眾無異？你要多努力才能保持與眾不同？你要多努力，才能一直保有讓你與眾不同之處？

我認識一對婚姻生活幸福美滿的夫妻，他們經常拿一件事來開玩笑，做先生的時不時就會假裝一臉憂愁地對太太說：「難道你就不能正常一點嗎？」此時他們會相視而笑。太太的獨一無二，當然是他深愛太太的原因。但這個笑話也反映出一件事，就是如果我們平凡一點，就能少花力氣，過得更輕鬆一些。

這個現象可大可小。例如民主並非尋常的制度，專制才是人類歷史上常見的狀態。由此可知，不繼續努力維持自身的獨特性，很快就會趨向專制。

我們都知道獨特性（原創性）的珍貴，大家都告訴我們要「忠於自我」。但我真的希望你去擁抱獨特性、務實地了解必須花多大的心力才能維持自己的獨特性。這個世界要你與眾無異，千方百計把你拉向跟大家一樣，別讓它得逞。

為了維持獨特性，你必須付出代價，但這是值得的。「忠於自我」的童話故事告訴你，只要你讓自己獨一無二的特點發光發熱，你就不會再痛苦了。但那是誤導人的故事。忠於自我是值得的，但你不能以為很容易，或可以不勞而獲。你必須不斷付出努力。

世界一直要亞馬遜變得更與眾無異，與周圍環境趨同。我們必須不斷努力與此對抗，我們可以、也一定會與眾不同。

一如既往附上一九九七年的致股東信，信末寫道：「亞馬遜誠摯感謝顧客的青睞與信任，也謝謝每一位同仁辛勤工作，謝謝股東的支持與鼓勵。」這點始終不變。我要特別感謝安迪・傑西接下執行長的工作，這份工作肩負重責大任，並不輕鬆。安迪是一位自我要求非常高的優秀人才。我敢保證，安迪絕對不會任憑宇宙讓亞馬遜變成一家普通公司。他會用心維繫之所以讓亞馬遜獨特的事物。這麼做並不容易，但至關重要。我也大膽預言努力會開花結果，而且過程往往會很有意思。安迪，謝謝。

寫給每一位展信者：要仁慈、要獨特、要創造勝於消耗，還有，永遠、永遠、永遠別讓宇宙把你融入周圍環境變得無異於眾生。

今天，仍然是第一天。

Part 2

人生篇——
選擇、務實與夢想

25 生命給我的禮物

生命會給你不同的禮物，而媽媽和爸爸就是我最棒的禮物。

我非常敬佩那些父母很糟糕，卻能用令人欽佩的精神打破循環、從中抽身、功成名就的人，我真的很佩服，而且我們都認識幾位這樣的人。我沒有那樣的經歷，身邊不乏愛我的人，父母無條件地愛我，順帶一提，這份無私的愛並不容易。雖然媽媽沒有經常掛在嘴邊，但她十七歲、還是新墨西哥州阿布奎基市的一名高中生時，就懷了我。你可以問她，但我很確定，在一九六四年新墨西哥阿布奎基的高中學校，一個懷了孕的學生可不是什麼很酷的事。事實上，我的外祖父（他也是我生命中非常重要的一位人物）還特地到學校聲援她，因為學校想要把她掃地出門。當地高中不允許學校裡有懷孕的學生，我外公說：「你不能把她趕出去，這是一所公立學校，她得上學讀書。」他們交涉了好一陣子，然後校長終於說：「好吧，她可以留下來完成高中學業，但她不能參加任何課外活動，也不能使用置物櫃。」接著我那聰明睿智的外公開口：「我們答應你。」所以她完成了高中學業。

媽媽懷了我，之後嫁給爸爸。爸爸不是我的生父，可他是我真正的爸爸。他的名字叫麥可，是來自古巴的移民。他是彼得潘行動（Operation Pedro Pan）拯救的兒童。實際上是德拉瓦州威明頓市一間天主教機構收留了他。後來他拿到獎學金到阿布奎基市就讀大學，才在那裡認識了我媽媽。所以，我有一個童話般的成長故事。可能是因為我的父母還很年輕，所以每年夏天外公都會把我帶到他的大農場。從四歲到十六歲，基本上我每個夏天都在農場和他一起做事。他是非常足智多謀的一個人，治療動物的工作統統自己一手包辦，甚至會自己做縫針：用氧乙炔炬融化鐵絲並敲扁，在上面鑽出一個小小的孔眼，做出尖端，用這支針替牛隻縫合傷口。有幾隻牛真的活了下來。他是一個很了不起的人，在我們大家的生命中扮演非常重要的角色。外公就像我的再生父母。

26 普林斯頓轉捩點

我在阿布奎基市出生，三四歲時搬家到德州，最後在佛羅里達州邁阿密市就讀高中。一九八二年我從大型公立高中邁阿密棕櫚高中（Miami Palmetto Senior High School）畢業（卡羅萊納黑豹加油！），同一屆有七百五十名畢業生。我很喜歡高中時光，在那學校過得很開心，甚至因為在圖書館笑得太大聲，而被圖書館停權。我從小到大都那樣笑，有好幾年，弟弟妹妹都不願意跟我一起看電影，因為他們覺得很丟臉。我不知道怎麼會笑成這樣，反正我就是笑點低，經常發笑。你去問我媽媽，或其他跟我很熟的人，他們會說：「要是傑夫不開心，你就等五分鐘，他無法一直維持在不開心的狀態。」我猜，我的血清素可能很充足之類的吧。

我想成為一名理論物理學家，所以我去念普林斯頓大學。我是很用功的學生，幾乎每一科都拿A+。我念物理資優班，剛開始有一百名學生，等到要念量子力學的時候，大概只剩下三十名。我有修量子力學課，大概是在大三吧，那時候我也修計算機科學和電機工程學，也很喜歡那些課。但有一道非常困難的偏微分方程題目，我解不開。我和數學也很厲害的室友喬一起研究。我們兩個一起解這道回家作業，花了三小時都還沒解開，最後，我們在同一時間抬頭，隔著桌子，望向對方說：「亞桑塔！」——普林斯頓大學最聰明的學生。我們到亞桑塔的房間。他來自斯里蘭卡，是上得了「臉書」的人物（這是指當時真正的名人冊）。他的名字長得可以寫成三行，我猜在斯里蘭卡，如果你替國王做了什麼豐功偉業，他們會幫你的名字多加幾個音節，所以他有超級長的名字，但他卻是一個非常謙虛和很棒的人。我們拿題目給他看，他看了看這個問題，盯著瞧了一會兒，然後說：「餘弦。」我說：「什麼意思？」亞桑塔說：「答案是餘弦。」然後我說：「那就是答案？」「對，我解給你們看。」他請我們坐下，洋洋灑灑寫了三頁代數計算式。其他都不對，答案就是餘弦。我說：「聽著，亞桑塔，你剛才是在腦袋裡解題嗎？」他說：「不，那是不可能的事。我在三年前解過一個非常類似的題目，所以我從這個題目聯想到那個題目，才馬上就看出答案是餘弦。」當時那件事，對我而言是非常重要的一刻，因為我就是在那個時候意識到，我永遠無法成為一名偉大的理論物理學家，所以我開始仔細往內心探索。就大多數職業而言，如果你能勝過百分之九十的人，你會在這一行大放異彩。但在理論物理學的領域，你得要是全世界最厲害的前五十個人才行，否則你就不會有什麼重大的貢獻。事情已經很明顯了。我看見不祥的徵兆，沒多久我就轉系改念電機工程和計算機科學。

27 聰明是天賦，仁慈是選擇

——二〇一〇普林斯頓大學畢業演講

小時候，我在祖父母位於德州的農場度過夏天。我幫忙修理風車、替牛隻注射疫苗和做其他的雜事。我們還會每天下午一起看肥皂劇，最愛看的節目是《我們的日子》（*Days of our Lives*）。我的祖父母是露營車俱樂部會員，這群清風牌（Airstream）拖車車主會一起開著露營車，在美國和加拿大四處旅遊。我們每幾年就會在夏天加入車隊。我們把清風牌拖車栓在外公的車子後面，和另外三百名清風拖車探險家一起上路。我很愛也很崇拜我的祖父母，總是非常期待和他們一起踏上旅程。有一次，大概是我十歲時，人在後車廂的長椅上打滾。這時，外公正在開車，外婆則坐在副駕駛座。她總是在拖車旅行的途中抽菸，而我很討厭那個味道。

在那個年紀，我有很好的理由，看到什麼都可以拿來估算一下和練習減法——我會計算油耗，或是算一些沒有意義的東西，例如買雜貨花了多少錢。我聽過廣告上宣傳戒菸的事情。我記不清細節了，但基本上那支廣告說每吸一口香菸，壽命就會減少幾分鐘——我想可能是每一口減少兩分鐘的壽命。總之，我決定替外婆算一下。我估算她每天抽幾支香菸、每支香菸抽幾口之類的。我算出一個合理的數字，得意地把頭探到車子前面，拍了拍外婆的肩膀，驕傲地宣布：「以每吸一口菸減少兩分鐘的壽命來算，你已經少活九年了！」

我對接下來發生的事印象深刻，那跟我心裡預想的並不一樣，我本以為會因為聰明和算術能力受到稱讚：「傑夫，你真聰明。這個算式不是很容易，你得算出一年有幾分鐘，再做除法。」然而事情不是這樣，外婆突然哭了起來，我坐在後座，手足無措。外婆坐在位子上哭泣，外公靜靜地開著車，然後他把車停在高速公路的路肩。他下了車，繞過來打開我的門，等我下車來跟上他一道走。我是不是惹麻煩了？我的外公是一個非常聰明、安靜不多話的人。他從來沒有對我說過一句嚴厲的話，也許這一次他要開口責備我了。又或者，他會要我回車上向外婆道歉。我沒有和外公外婆發生過這樣的狀況，所以無從判斷後果會如何。我們在拖車旁邊停下腳步。外公看著我，沉默了一會兒，平和冷靜地說：「傑夫，有一天你會了解到，聰明容易，仁慈難。」

今天，我想要跟大家談的是天賦和選擇的差別。聰明是天賦，仁慈則是選擇。天賦來得容易，畢竟，那是你天生擁有的。做選擇有時並不容易，一不小心，天賦有可能讓你受到引誘；如果你太小心，選擇又可能妨礙天賦的發展。

你們是一群天資優異的人。我能確定，你們的天賦當中有一項是聰明伶俐的頭腦。我對此有信心，因為這所學校入學競爭激烈，若非看出你們有聰明的頭腦，入學委員會是不會率取你們的。

你們的聰明才智將會派上用場，因為你們即將踏上充滿驚奇的旅程。人類會在奮力前行的途中，成就令我們自己都感到不可思議的事。我們會發明生產綠色能源的方法，大力革新。我們從原子著手，將會製造出進入細胞壁的微型機器，用來修復細胞。這個月，有一件很了不起但必定會發生的事情發生，人類成功合成出生命物質了。往後幾年，我們將不只是合成生命物質，還會將其設計成特定的形式。我相信，各位甚至可以看見我們徹底了解人類的大腦。朱爾．凡爾納（Jules Verne）、馬克．吐溫、伽利略、牛頓——這些歷史上赫赫有名的好奇寶寶，一定都渴望活在這個時代。人類文明會產生許多天賦異稟的人，正如坐在我眼前的你們，個個才華洋溢。

你們會如何運用這些天賦？你們會以自己的天賦為傲嗎？還是以自己的選擇為傲？

我在十六年前萌生創立亞馬遜的念頭。我意識到，網路使用率每年以百分之二千三百的速度成長。我從來沒有見過或聽過有什麼東西成長如此快速，我覺得，成立一間能夠容納上百萬冊書籍的網路書店（實體書店不可能辦到），是一件非常令人期待的事。當時我剛過三十歲，新婚一年。我告訴太太麥肯琪，我想辭職去做這件瘋狂的事，我有可能不會成功，因為大部分的新創公司都不會成功，我不知道後續會如何發展。麥肯琪（她也是普林斯頓的畢業生，坐在現場第二排）告訴我，想做就做。我年紀還很輕的時候，就在車庫裡發明東西。我把水泥填入輪胎發明自動關門器，用雨傘和錫箔紙做過一個不太成功的太陽能炊具，還用烤盤鬧鈴誘騙弟弟妹妹。我一直想當一個發明家，她希望我能追隨夢想，做自己熱愛的事。

當時我在紐約市一間金融機構和一群頭腦一流的人共事，老闆是一位我很欽佩的優秀人物。我去找老闆，告訴他我想創立一間在網路上賣書的公司。他帶我到中央公園走了很長一段路，仔細聽我怎麼說，最後告訴我：「這聽起來是非常棒的點子，但對還沒有一份好工作的人來說會更合適。」我覺得他的話滿合理的，他說服我先考慮四十八小時再做最後決定。從那個觀點出發，實在很難決定，但我最後決定非試試看不可。我認為如果嘗試後失敗了，我不會後悔，但假如決定連試都不試就放棄，我應該會永遠放不下這個念頭。一番深思熟慮後，我選擇了比較不安全的那條路，去追尋我熱愛的事物，而我深以這個選擇為榮。

明天，你們的人生會實實在在地展開新的一頁，由你們自己去開創。

你會如何運用你的天賦？你會做出什麼選擇？

你會因循苟且，還是追逐熱情？

你會遵循教條，還是做自己？

你會選擇輕鬆的生活，還是選擇服務他人、勇於探索的人生？

你會被批評擊垮，還是敢於堅持信念？
你會在出錯時蒙混過關，還是真心道歉？
你會在被拒絕時武裝自己，還是大膽去愛？
你會打安全牌，還是有一點冒險犯難的精神？
面對困難，你會放棄，還是堅持下去？
你會是個憤世嫉俗的人，還是做個去創造些什麼的人？
你會當個犧牲別人成就自己的聰明人，還是當個心地善良的人？
我要大膽預言。當你來到八十歲，一個人靜靜回想，獨自訴說只有自己知道的人生故事，其中最充實、最有意義的一段，將會是你做過的種種選擇。到頭來，我們都是自己的選擇。為自己創造美好的故事吧。謝謝大家，祝各位好運！

28 智與謀的鍛鍊

我和弟弟童年非常幸運，我們有很多時間和外祖父母相處。你可以從祖父母輩身上學到和父母不同的東西，祖孫之間的關係很不一樣。我從四歲到十六歲，每年夏天都待在外公的農場。他是非常自立自強的一個人。如果你在鄉下某個鳥不生蛋的地方，有東西壞掉了，你不會拿起電話找人求助，你會自己修理。小時候我看過外公自己解決過各式各樣的疑難雜症。

有一次，外公花費五千美元，買了一輛二手的開拓重工牌（Caterpillar）D6推土機。這是非常划算的一筆交易，原本售價高很多，這麼便宜是因為推土機整輛壞了。變速箱滑牙、液壓裝置無法使用，基本上，我們整個夏天都在修理推土機。我們利用郵購，請開拓重工寄來巨大的齒輪，連搬都搬不動。外公做的第一件事，是打造一支用來搬動齒輪的吊臂，這就是自立自強和足智多謀。

外公是那種小心謹慎、行事保守，安靜內斂的人，很少做出瘋狂的舉動。有一天，他獨自一人在農場的大門口那邊。他忘記把手剎車放在P檔，等走到門口時，發現車子正慢慢朝大門口滑動，心想：「太好了，剛好有時間拉開門閂，推開大門，讓車子穿過去，非常好。」就在他要把門閂拉開時，車子撞上大門，把他的拇指夾在大門和圍籬柱的中間，拇指上面的肉都被削光了，只剩一絲絲還掛在上面。

他很氣自己，就把那片肉扯下來，丟進灌木叢裡，回到車子上，自己開到十六英里外，位於德州迪利市的急診室。到那裡的時候，醫院的人說：「太好了，我們可以把拇指拼回去，肉在哪裡？」他說：「喔，我丟進灌木叢了。」他們帶著護士和所有人一起開車回去，花好幾個小時找大拇指，始終找不到那片肉——可能被什麼東西給吃掉了。他們把他帶回急診室說：「聽著，你得移植皮膚。我們可以把拇指縫到肚皮上，讓它在那裡長六個星期。那是效果最好的做法。我們也可以直接從你的屁股切一點皮膚，移植過來，縫到拇指上，效果不會那麼好，但好處是不必把拇指縫到肚皮上六個星期。」他說：「我選第二種。從屁股移植皮膚吧。」於是他們就這麼辦。手術很成功，他的拇指功能正常。但這個故事最有趣的一點是，我對當時外公的情況印象非常深刻（我們都印象深刻），每天早上他總是要進行一場儀式——起床，吃早餐穀片，看報紙，和用電動刮鬍刀刮很久的鬍子。大概有十五分鐘那麼久吧。他用刮鬍刀刮完臉上的鬍子，還要拿刮鬍刀在拇指上快速滑兩下，因為他的拇指長出屁股毛。不過呢，他完全不以為意。

推動事情發展的所有關鍵在，你會遇到問題、失敗和不成功。你需要回過頭，再嘗試一次。

每一次遇到挫折，你都回過頭，再嘗試一次。你發揮足智多謀的一面，你自立自強，你嘗試突破思維框架找出自己的解決之道。我們在亞馬遜有數不清必須這麼做的例子。我們失敗非常多次——我認為這裡是非常適合失敗的地方。我們很擅長失敗，練習過非常多次。

給各位一個例子：許多年前我們想要開始經營第三方賣家的生意，因為我們知道這樣可以增加商品選項。我們推出亞馬遜拍賣，但乏人問津。然後我們推出了價格固定的 zShops 拍賣，同樣門可羅雀。這幾次失敗，每一次大概花一年或一年半的時間。我們終於想出一個點子，將第三方賣家的商品，和我們自家的零售庫存放在同一個商品資訊頁面。我們將其命名為亞馬遜市集，一推出就成功了。不管做什麼事情，只要你有嘗試新事物的智謀、努力查清事情的本質——例如：顧客究竟想要什麼？——這樣的付出，終將有所回報，甚至會對你的日常生活有益。你會怎麼幫助孩子長大？怎麼做才是對的？

我們在小孩四歲時就讓他們使用尖銳的刀子，七八歲的時候，就讓他們使用幾款電動工具。這主要是我太太的功勞，她有句很棒的話：「我寧願孩子只有九隻手指頭，也不願孩子腦袋不靈光。」這是非常棒的生活態度。

29 改行

我從普林斯頓畢業後到紐約市發展，最後在大衛．蕭的量化避險基金公司「德劭避險基金」（D. E. Shaw and Co.）落腳。剛加入的時候公司只有三十人，當我離開的時候已大概有三百人。大衛在我認識的人當中，聰明程度數一數二。我從他身上學到非常多，舉凡人力資源、招募人才，以及創立亞馬遜時該請哪些人來，這些事情都用上許多他的點子和原則。

一九九四年，幾乎沒有什麼人聽過網際網路。在當時，那主要是科學家和物理學家用的東西。我們在德劭基金用它來做幾件工作，但用得不多。我發現，網路（全球資訊網）大約以一年百分之二千三百的速度成長。這樣快速成長的事物，即便在今時今日的基礎還很小，但有朝一日會長大。我的結論是，我應該要想出一個用網路創業的點子，之後要讓網路與事業並肩成長，並持續力求進步。所以我列了一張可能可以用網路販售的商品清單。我開始排序，後來我挑中書籍，因為書籍有一項特點非常與眾不同：書籍的門類比任何商品的分類都還要多。全世界隨時都有三百萬種不同的紙本書籍。再大型的書店也只能賣十五萬種。因此，亞馬遜的創立構想是提供全世界的紙本書籍。做法如下：我請來一個小團隊一起打造軟體，並搬到西雅圖去，因為當時全世界最大的圖書倉庫位於奧勒岡州羅斯堡，而且我可以從微軟招募到許多人才。

我把我想做的事情告訴老闆大衛．蕭。他和我在中央公園走了很長一段路。聽我說了很久以後，他才開口：「你知道嗎？傑夫，這是一個非常棒的點子。我覺得你想出的這個點子很好，但對目前沒有一份好工作的人來說會更適合。」我其實覺得他的話非常合理，他說服我先考慮四十八小時再做最後決定。有一些決定，我不是用頭腦去想，而是去聆聽內心的聲音，這就是那樣的決定。我不想錯過一個大好機會。等我到了八十歲，我希望人生中的缺憾能儘量減少，而令人們後悔的，多半是不去行動──不去嘗試，以及沒有踏上的路。那些事情會繚繞在我們的心頭。

起初，我得自己把書送到郵局。我現在不送書了，但之前我送了好幾年。第一個月，我跪在堅硬的水泥地板上用手包裝紙箱，對跪在我旁邊的人說：「你知道，我們需要護膝，因為我的膝蓋快廢了。」他說：「我們需要的是包裝台。」這真是我聽過最聰明的點子。隔天，我去買了一張包裝台，生產力提高了一倍。

「亞馬遜」這個名字，取自地球上最大的河流，象徵「地球最大的商品庫」。最初我想要取名卡達布拉。在驅車前往西雅圖的途中，我想馬上大展身手，把公司登記和銀行帳戶設好，於是打了通電話給朋友，他把自己的律師推薦給我。那一位其實是他的離婚律師，但他替我設立公司、開好銀行帳戶，然後他說：「我得知道你想替公司取什麼名字，寫在註冊文件上。」我透過電話說：「卡達布拉。」（魔咒『阿布拉卡達布拉』的卡達布拉。）他反問：「屍首？」我說：「好，那個名字不行，但先用卡達布拉申請，我會換一個名字。」所以大概三個月後，我把名字改成亞馬遜。

繼書籍之後，我們開始販售音樂，接著推出影片。然後我靈機一動，隨機挑選一千名顧客，寄電子郵件詢問他們，除了網站上已經在賣的東西，他們還希望我們販售哪些商品。我們收到的回覆呈現非常標準的長尾分配。顧客在回答問題的當下，需要什麼就回什麼。我記得有一個人回：「我希望你能賣擋風玻璃雨刷，因為我很需要擋風玻璃雨刷。」我心想：「這樣我們什麼都能賣。」於是後來，我們推出電子產品和玩具，並陸續推出各類商品。

網路泡沫來到巔峰的時候，我們的股價大約衝到一百一十三美元，然後網路泡沫破滅，不到一年我們的股價跌到六美元。如書中第一部分所說，我在二〇〇〇年致股東信開頭第一句就寫：「哎！」

那一段時期非常有趣，因為股價不等於公司，公司也不等於股價，因此我除了看股價從一百一十三美元跌到六美元，也留心著公司內部的種種經營指標——顧客數、單位利潤、缺點——包括任何你能想到的指標（詳情請見二〇〇〇年的致股東信）。我們的事業每一個方面都在好轉，而且進展速度很快。因此雖然股價一路下滑，但公司內部的每個方面都在朝對的方向發展，我們不需要回到資本市場求援，需要的資金很充足，只要繼續前進就好。

那個時期，我參加了湯姆．布羅考的電視節目。他找來六位當代的網路創業家，並且訪問我們這些人。湯姆現在是我的好朋友，但那時他轉過來對著我說：「貝佐斯先生，你會拼『利潤』的英文嗎？」我回答：「當然會，P、R、O、P、H、E、T。」然後他爆出一陣大笑。人們總是指責我們為了賺九十美分而花一美元。我說：「聽著，任何人都可以用那種方法提高營收。」但我們不那樣做，我們的毛利一直都是正的。這是固定成本的事業，我可以從內部指標看出，只要到達某個數量，我們就能抵銷固定成本，開始賺錢。

30至關重要的環節

我會在亞馬遜上買東西，有時候訂單會出問題。我遇到問題的處理方式，與接到顧客投訴的處理方式一樣：將此視為進步的機會。大家都知道我的電子郵件是jeff@amazon.com。我留著這個電子郵件地址，也會讀信，但不會每一封信都讀，因為我收到的信太多了。但很多信我都會點開來看，而且我會讓好奇心帶著我挑一些信來讀。舉例來說，我有可能收到顧客抱怨有瑕疵的信，我們有做不好的地方，大家通常都是寫信來說這件事——不見得每次都是這個原因，但通常大家會寫信來，就是訂單不知道怎樣出了問題。這時候，我會看著一封電子郵件，然後覺得出於某種原因，哪裡不太對勁。我會要求亞馬遜的團隊仔細研究這起事件，找出一項或許多項根本原因，從根本著手修正。如此一來，把問題解決之後，你不只是為某一位顧客，而是為每一位顧客修正問題。在我們的工作中，那是至關重要的一項環節。所以，當我自己遇到訂單有問題或發生糟糕的購物經驗，我也是那樣處理的。

31 創業家資本主義

大家自然都很好奇，但我從未追求成為「全世界最富有的人」。當全世界第二有錢的人，我也無所謂。我寧願在眾人眼中是「發明家貝佐斯」、「企業家貝佐斯」或「為人父的貝佐斯」。那些事情對我而言有意義多了，它們衡量的是你付出了多少。如果你去看亞馬遜賺了多少錢，還有我們的股價，我持有百分之十六的亞馬遜股票，而亞馬遜的市值大約一兆美元。*這代表過去二十年來，我們為其他人創造了八千四百億美元的財富，從財務的觀點來看，那才是我們真正的成就。我們為其他人創造了八千四百億美元的財富，棒極了，本該如此。你知道，我強烈相信創業家資本主義（entrepreneurial capitalism）和自由市場能解決世界上的許多問題。不是所有問題都能解決，但能解決的問題很多。

---

*此為二〇一八年九月十三日的市值。撰文之時（二〇二〇年七月六日），亞馬遜的市值為一兆四千四百億美元，我持有百分之十一的股份。

32 尊榮會員制的發明流程

我們在亞馬遜發明事物，流程大多如下：有個人想出點子，其他人改良點子，再有其他人想出為什麼行不通的否決理由，然後我們排除這些否決的理由。這是非常有趣的過程。當時我們一直在構思要設計怎樣的忠誠方案，然後有一位初階軟體工程師想出，可以提供某種吃到飽快速免運到府服務。

財務規畫團隊替那個概念建立模型，結果很嚇人。運費很貴，但免運服務很受顧客青睞。

你得聆聽內心的聲音並運用直覺，你要承擔風險，要發揮本能，所有好的決策都要這樣。你要和大家一起做決定，拿出謙卑態度，順帶一提，就算弄錯了也沒那麼糟，那是另一回事。我們出過錯，做出像 Fire Phone 這樣糟糕透頂的東西，還有很多失敗的案例。我不會逐一列舉我們的失敗實驗，但成千上萬次失敗實驗，才能淬鍊出非凡成就。

於是，我們嘗試推出尊榮會員制，剛開始很燒錢。我們花了很多錢，因為你想想，推出免費吃到飽會發生什麼情形？誰會最先出現來吃到飽？是大胃王。很可怕。你的感覺就像，天啊，我真的有說過想吃幾隻蝦子都可以嗎？事情就是那樣，但我們看見的是趨勢線。我們看見的是，有各式各樣的顧客上門，而且顧客對服務青睞有加。尊榮會員制就是那樣成功的。

33 一年做三個好決策

我早上喜歡慢條斯理地晃來晃去。我起床起得很早，早早就上床睡覺。我喜歡閱讀報紙，我喜歡喝咖啡，我喜歡在孩子們上學前和他們一起吃早餐。所以，晃來晃去的那段時光，對我來說很重要。那就是我把第一場會議設在十點的原因。我喜歡在吃午餐前開動腦筋的高智商會議。所有非常耗費腦力的事情，都要放在早上十點的會議，因為到了下午五點，我就會說，今天我已經無法再思考這個問題了。我們明天早上十點再想想看吧。接著，我會去睡八個小時的覺。除非是到不同的時區，否則我一定將睡眠排在第一位。有時候我不可能睡滿八小時，但我會儘量做到，我需要八小時的睡眠，這樣有助思考，會更有活力，心情比較愉快。請思考一下：身為高階主管，你領薪水究竟要做什麼事？你領薪水是要做少數高品質決策。你的工作不是每天做上千個決定。所以，假設我一天睡六小時，或極端一點，假設我一天睡四小時，我因此得到所謂四小時具生產力的時間。依照這樣，假如之前我清醒的時間裡，有十二小時的具生產力時間，現在突然間有十二小時，再加四小時，總共十六小時的生產時間。這樣就多出百分之三十三的決策時間。如果我以前要做一百個決策，現在我可以多做三十三個決策。假如你很疲憊、焦躁易怒，或因為許多其他原因，導致那些決策的品質可能變差了，真的值得嗎？假設這是新創公司，情況就不一樣。亞馬遜還只有一百名員工的時候，情況與此截然不同。但亞馬遜不是新創公司，我們的高階主管都和我用同樣的方式經營這間公司。他們著眼於未來，活在未來。我的直接下屬都不可以將焦點完全放在眼前這一季。我和《華爾街日報》開完當季電話會議，結果很好的時候，大家會喊住我說：「這一季很棒，恭喜。」我會說：「謝謝。」但我心裡真正想的是，這一季的成果三年前就在醞釀了。此時此刻我正為某一季而努力，成果要到二〇二三年的某個時刻才會揭曉。你要做的就是這樣的事。你得提早為兩三年後設想，如果你做得到，為何需要在今天做一百個決策？這樣說吧，如果我一天做三個好決策，那樣就夠了，而且我要盡可能提高決策的品質。華倫．巴菲特說，他喜歡一年做三個好決策，我真心相信。

34 AWS奇蹟

我們努力很久，一直默默開發亞馬遜雲端運算服務（AWS），最後終於推出這項服務。AWS重新發明了公司企業購買運算能力的方式，成為一間規模非常大的公司。傳統上，如果你是一間需要運算能力的公司，你會打造一個資料中心，並在那間資料中心裡安裝伺服器。你得升級那些伺服器的運算系統，讓一切維持運作，諸如此類的事。那些都無法替公司的業務加分。有點像入場費，每個人都要這麼費力。

我們在亞馬遜就是這樣：打造自己的資料中心。結果我們發現，維持資料中心運作的應用程式工程師和網絡工程師，有非常多的工作是不必要的浪費，因為他們要開很多會議，討論一堆沒有附加價值的交辦事項。我們說：「聽著，我們可以開發一套強化應用程式介面，讓應用程式工程師和網絡工程師這兩組人馬開方針會議就好，不必鉅細靡遺地討論事情。」我們想要打造以服務為主的架構，用強化應用程式介面來操作所有服務，並提供詳細的檔案紀錄，讓每個人都可以使用。

我們一有這樣的計畫，就立刻明白看出，世界上每間公司都會想要這項產品。真正令我們驚訝的是，亞馬遜沒有做什麼宣傳，也沒有大肆誇耀，就有數以千計的開發者蜂擁而至，使用這些應用程式介面。然後，從來沒有過的業界奇蹟發生了——就我目前所知，商業史上從來沒有運氣這麼好的公司。我們有七年的時間沒有看法類似的競爭對手，這實在不可思議。我在一九九五年推出亞馬遜網站，邦諾書店（Barnes & Noble）旋即在兩年後的一九九七年，推出邦諾網路書店（Barnesandnoble.com）進軍市場。在你發明新事物以後，通常兩年就會有人仿效。我們推出 Kindle，兩年後邦諾推出 Nook 閱讀器；我們推出 Echo 音箱，兩年後 Google 推出 Google Home。當你成為先鋒，如果你很幸運，會有兩年的起步優勢。沒有人擁有七年的起步優勢，所以那實在令人不敢相信。我想，已經站穩腳步的大型企業軟體公司可能不認為亞馬遜是上得了檯面的企業軟體公司，所以我們才有這麼久的餘裕，打造出擁有豐富功能的一流產品與服務，大幅超越競爭對手，而且亞馬遜的團隊在過程中從未鬆懈。這組由安迪・傑西（Andy Jassy）率領的團隊，非常迅速地在產品方面推陳出新，而且一切運作得宜。我深以他們為榮。

35 Alexa與機器學習的黃金年代

Alexa是在網際網路上運作的雲端助理，Echo是裝設許多麥克風，具遠端語音辨識功能的裝置。從二〇一二年開始研發這項產品，我們心中就有一個長久的願景，就是將其打造為《星艦迷航記》的電腦，什麼要求都辦得到。你可以要它替你做事，或替你找東西，而且能用非常自然的方式，與你輕鬆交談。

開發Alexa和Echo，在技術上是非常大的挑戰。有成千上萬人投入Echo和Alexa的研發過程，團隊成員來自許多不同的地方，包括麻州劍橋、柏林和西雅圖。

在Echo這裡，我們有許多不一樣的問題要解決。開始構思Echo的時候，我們就想好要有一項關鍵設計：Echo是不斷電裝置，連接牆壁上的插座，不必充電。你可以把它放在臥室、廚房或客廳裡，用來放音樂或回答問題，最後甚至可以用來控制某些居家系統，例如照明和室溫控制設備。在那樣的環境設定裡，你只要說：「Alexa，請把室溫調高兩度。」或「Alexa，把燈全部關掉。」互動非常自然。在Echo和Alexa推出前，人們和自動家居系統的互動非常糟糕，要用手機應用程式來控制。當你想調整燈光的時候，還要先找手機，把手機拿出來，打開特定的手機應用程式，在上頭找到正確的控制畫面來調整燈光，這是一件非常不方便的事。

我們的裝置團隊表現非常傑出，而且我們持續精益求精，為 Echo 和 Alexa 規畫了非常棒的方向。現在有其他公司組成的龐大第三方生態系，他們可說是替 Alexa 開發了「技能」（skills），這樣說來 Alexa 能做到的事情因此擴大了。

不論從人類文明，抑或從科技文明的角度來看，我們都還沒有辦法發明出像《星艦迷航記》裡那樣神奇的電腦，我們的能力還相差甚遠。那是人類期盼已久的科幻情節。今天，我們可以用機器學習處理非凡的事情，正站在進步加快的關口。我認為，我們正在開啟機器學習和人工智慧的黃金年代。但要讓機器用人類的方法做事，還有很長的一段路要走。

「類人智慧」（Human-like intelligence）還是很神祕的領域，就連對頂尖的人工智慧研究人員來說也不例外。試想一下人類的學習方式，我們的資料處理效率極高。想要訓練像 Alexa 這樣的機器去辨識自然語言，必須用到數百萬個資料點，而且你得收集真實數據，建立所謂的基準資料庫（ground-truth database，或說地真資料庫）。建立這樣的基準資料庫，當作讓 Alexa 學習的訓練集，工程浩大又耗資不斐。

如果今天你要設計打造的是汽車自動駕駛的機器學習系統，你需要上百萬英里的駕駛資料，才能讓那輛車子學會如何自己駕駛。人類的學習效率非常驚人，不需要上百萬英里的駕駛經驗，就能學會開車。我們在做的應該是機器學習領域術語裡的「遷移學習」（transfer learning）。

人類已經學會非常多不一樣的技能，而且我們可以用非常有效率的方式，把那些技能套用在新的技能上。最近剛打敗世界圍棋冠軍的 AlphaGo 程式下過數百萬盤圍棋。人類冠軍下過上千盤圍棋，沒有到數百萬盤棋。但人類冠軍和電腦程式，兩者棋藝不相上下。此外，人類的做法基本上就跟機器不一樣——我們對事情的認知，來自於非常有效率的能源運用。

我不記得確切的數據，但以 AlphaGo 的例子來說，要用數不清幾瓦的電力。我想應該要同時使用一千台以上的伺服器。人類冠軍李世（Lee Se-dol）消耗的能量大約五十瓦。不知怎麼地，我們可以非常有效率地運用能源，來完成複雜得不可思議的計算過程——人類可以有效率地處理資料和運用能源。因此，在人工智慧這一方面，我們這些投身機器學習圈子的人，還有很多東西要學。

但正因如此，人工智慧是令人引頸期盼的領域。我們正在解決複雜得不可思議的問題，不僅涉及自然語言和機器視覺，有時甚至牽涉兩種技術。

隱私權組織聲稱裝置或服務會侵犯隱私權，一再發出這類聲明。事實上，隱私權組織做的事很簡單，也經常這麼做。他們會用逆向工程去檢視裝置是否如其所言侵犯隱私權。那是很好的做法，我很感謝那些隱私權組織的努力。他們揭發了公司違反誠信的情事——有時候，公司的做法就是不夠嚴謹。

我們的裝置只會在聽到喚醒詞「Alexa」的時候，將資訊傳到雲端，而且聽見喚醒詞「Alexa」，裝置上方的顯示燈圈會發光。燈圈亮起表示裝置正在將你說的話傳送到雲端。裝置必須將資料傳送到雲端，因為我們要存取雲端上的所有資料，才能做到Alexa的各項功能——例如替你查詢天氣狀況等。

駭客入侵是我們這個年代的大問題。全球社會與全世界的人類文明都必須想辦法解決駭客問題。其中一種解決辦法是制訂相關法律。至於某些辦法，民族國家的政府會做你不希望他們做的事，我們完全不知道該如何遏止。

我們今天所使用的大部分裝置和科技產品，政府都可以從你家窗戶反彈的雷射光輕易竊聽你說的話，或是在你的手機上安裝惡意程式打開所有的麥克風（現在一般的高階智慧型手機都有四個麥克風）。所以這個社會必須要想清楚，控制像FBI這類機構可能會比較容易，我們可以一起制訂法律規範、決定法院該如何執法，但講到政府透過網路駭入人民的生活，諸如此類的事情，我認為還有待解決。我不知道，大家會怎麼做。

在網路串起的社會裡，有沒有真正的安全可言，這個問題的答案，我不知道。這些科技存在於我們的生活很長一段時間了。人們想要把電話帶在身上，我認為人手一機的現象會延續下去，而手機完全被軟體所控制。手機上面有好幾個麥克風，這些麥克風也被軟體控制。手機上的無線電可以在全世界的任何一個角落傳輸資料。

因此，人們擁有這樣的科技能力，任何一支手機都可以變成暗中偷聽的裝置。我們的開發團隊為Alexa做出非常有趣的決定，我認為這項決定值得關注，希望其他公司效法：置入一個可以將Echo麥克風關閉的消音按鈕。當你按下消音按鈕，按鈕和顯示燈圈會變紅色，紅色燈光用類比電路與麥克風相連，所以當紅燈亮起，麥克風完全不可能用來收音。你無法從遠端駭進去控制它。可是，手機沒有那樣的功能。

36 與全食超市相乘

這幾年來我們一直對實體商店很感興趣，但我總是說，我們只對有差異化的服務感興趣，不能只是「我也有」的服務而已，因為在那個區塊，實體商店已經有很棒的服務了。如果我們提供的是「我也有」的產品，我知道那樣不會成功。我們擁有擅長開拓和創新的文化，必須拿出不一樣的東西來。亞馬遜無人商店就是這樣與眾不同的產品，亞馬遜書店也與他人完全不同。而且我們想出將尊榮會員制與全食超市結合的點子，讓在全食超市購物，能為顧客帶來截然不同的購物體驗。

亞馬遜收購很多公司。這些公司的規模通常比全食超市小很多，但我們每一年都會收購一些公司。跟創辦公司的企業家見面時，我總是會先了解一樣最重要的事情：對方是傳教士還是傭兵類型的人？傭兵希望股價迅速翻揚。傳教士熱愛自家的產品或服務，並且熱愛他們的顧客，會試著打造一流的服務。順帶一提，最矛盾的一點在於，傳教士賺的錢往往比較多，而且只要談一談，你很快就會知道，對方是哪個類型的人。全食超市是一間傳遞信念的公司，創辦人約翰．麥基是傳教士型的人。因此，我們可以運用我們的某些資源，發揮我們的科技專業知識，將全食超市的信念擴大。他們擁有很棒的信念，就是要把營養的有機食物帶給每一個人，我們可以貢獻許多資源，提供許多卓越經營和技術方面的專業知識。

37 決定接手《華盛頓郵報》

我從沒想要經營報紙，也沒有打算買下報社。我從來沒有想過這個點子，這不是什麼童年夢想。我和唐納．葛蘭姆是認識超過二十年的朋友，他透過中間人找上我，想知道我有沒有興趣買下《華盛頓郵報》。我的回覆是我沒有興趣，因為我對經營報社一竅不通。

但唐納在一連串的對話中說服我相信那不是重點，因為《華盛頓郵報》內部已經有非常多通曉經營報社的人才。他們需要的是了解網路的人，所以那才是首要考量。事情大概就是這樣起頭的，然後我向心靈深處探索。我在做這個決定的時候完全仰賴直覺，不是用分析的方式做決定。當時，《華盛頓郵報》在二〇一三年的財務狀況是一片混亂。那是一門固定成本的生意，這五六年來營收下滑很多，但不是員工或管理階層的問題。這份報紙辦得非常好。這是一個長期的問題，不是景氣循環造成的。網際網路直接侵害了在地報紙所享有的一切傳統優勢。美國和世界各地的當地報紙都深受其害。因此我必須向心靈深處探索，問問自己是否願意涉入其中。如果我要參與，就會花心思、努力去做。結論是，我要真心相信這是一間很重要的機構，才會涉入。我告訴自己：「如果這是一間財務狀況一片慘淡的鹹食公司，答案是不要。」我開始用重要機構的角度來檢視《郵報》，這是全世界最重要國家的首都出刊的報紙。《華盛頓郵報》在這個民主政體裡扮演至關重要的角色。在我心中，這點毋庸置疑。

一但想通這點，離告訴唐納我願意接手，就只差一步了。我要對自己毫無保留地坦承，要能在看著鏡子思考這間公司的事情時，確定自己對成功抱持樂觀看法。如果成功無望，我就不涉入。我檢視《郵報》的狀況，信心十足，但《郵報》必須轉型成全國性和全球化的刊物。網際網路為報紙帶來一份禮物。它幾乎摧毀了一切，但也帶來禮物，就是可以免費全球發行。在過去紙本報刊的年代，你得在世界各地蓋印刷廠才辦得到。想要做到真正發行全球，甚或只是真正全國通行，你的物流作業花費會非常高昂，必須下重本才行。那就是少有報紙能真正做到在全國或全球發行的原因。但今天，有了網際網路，你擁有免費發行的禮物。因此我們一定要好好利用那份禮物，這是基本策略。我們必須改變商業模式，從少數讀者身上賺大錢的模式，轉換成擴大讀者群並從每一位讀者那裡賺一點錢。我們做出這樣的改變。我很高興能告訴各位，《郵報》現在是賺錢的。新聞編輯部正在擴編。執掌編輯部的馬蒂．巴倫（Marty Baron）非常能幹，我認為他是新聞業的最強編輯。我們有發行人弗雷德．萊恩和社論版的弗瑞德．海耶特（Fred Hyatt），他們的能力都很強。我們的科技部主管薛里希．帕卡許（Shailesh Prakash）非常優秀。所以成果出來了。我深以這個團隊為榮，我知道等我八十歲的時候，或者這樣說吧（我總是預想自己到了八十歲，但隨著年齡增長，我開始預想自己到九十歲），我知道等我九十歲的時候，這會是我深以為傲的其中一件事，我會對自己接手並幫助《華盛頓郵報》度過非常艱難的轉換期，而深感驕傲。

假設你是美國總統或一國元首，你不能預設自己接下了元首之位，卻不必受到嚴格的檢視。你會受到嚴格檢驗，那是有益處的。總統應該要說：「沒錯，這樣很好。我很高興自己受到嚴格檢視。」那是很有安全感和自信的表現。將媒體妖魔化，則是非常危險的做法。說媒體是卑劣的東西，是危險的做法。說媒體是人民的敵人也很危險。我們生活的這個社會，不只是靠一國的法律來保護我們——我們受《憲法》所保障，擁有新聞媒體的自由——還要靠社會規範來保護人們。社會規範之所以成立，是因為我們信服白紙黑字寫下的東西，每一次攻擊《憲法》，就是從邊緣一點一滴侵害《憲法》。我們在這個國家站得很穩。媒體不會有事情的。我們會完成這項任務。順帶一提，馬蒂．巴倫和編輯部開會的時候，總是會提一個重要至極的觀點：「當局可能在跟我們開戰，我們沒有要對當局開戰，做好自己的工作，做好自己的工作就對了。」我聽他說過非常多次。我和《華盛頓郵報》記者開會時也這樣說。

38 把困難的事做好

想要贏得信任、想要建立聲望，你得一遍又一遍地把困難的事情做好。用美軍的例子來說，在所有民調裡，美軍都拿下很高的信任度和聲望，原因就在於，他們一遍又一遍、十年如一日地將困難的事情做好。

方法就是這麼簡單，同時也很複雜。想把困難的事做好並不容易，但這樣才能贏得信任。信任絕對是一個沉重的詞，它肩負許多不同的涵義，它代表了正直，但也代表勝任事情的能力。你要實現自己說過的話，兌現承諾。例如，我們每年要配送數十億件包裹，我們說會做到，也確實辦到了。此外，信任表示，你得採取較有爭議的立場。大家會希望聽到你說：「不，我們不會那麼做。我知道你希望我們那樣，但我們不會那麼做。」即使心裡不贊同，他們可能會說：「好吧，我們願意尊重那樣的做法，他們很清楚自己的能耐。」

態度明確也很有幫助。如果我們清楚表明自己會做什麼、不會做什麼，那麼別人就可以選擇是否加入。他們可以說：「這個嘛，既然亞馬遜、藍源或 AWS 對某件事的立場是那樣，我不想加入。」那樣也沒有關係。我們生活在一個擁有許多選擇的大型民主社會裡，我希望身處那樣的世界。我希望住在一個人們可以持相反意見的地方。我也希望住在一個人們雖然持相反意見，卻能一起共事的地方。我不希望失去它。人們有權表達意見，但拒絕是高階領導團隊的工作。

舉例來說，科技公司有一個現象，就是有一些員工認為科技公司不該和國防部合作。在我看來，如果科技巨頭拒絕協助國防部，這個國家就會陷入麻煩。不能讓那種事情發生。因此高階領導團隊必須告訴大家：「聽著，我了解這些是情緒反應。沒關係，我們不必每件事都同意，但我們要這麼做，我們要支持國防部。國家很重要，依然很重要。」

我明白大家對這個議題有很大的情緒反應和抱持不同意見，但有些事情是真理。我們是好人，我真心相信如此。我知道事情很複雜，但問題是：你想不想要有堅強的國防實力？我認為你是想的。因此，我們必須給予支持。

我們都想站在文明這邊。不是只有美國這麼想而已。你想要哪樣的文明？你想要自由嗎？你想要民主嗎？這些大原則，比其他問題都來得重要。所以你應該要回頭想想這些原則。

39 平衡的誤導

我在亞馬遜為公司高層開設領導課程，也對實習生演講，總是在各種場合遇到有人問我，工作與生活之間該如何取得平衡。我其實不喜歡「工作與生活平衡」的說法，我認為這樣會誤導別人。我喜歡說「工作與生活和諧」。我知道，當我工作做得很起勁、樂在工作，感覺到自己正在創造價值、融入團隊，做著能讓我有活力的事，我在家裡表現就會更稱職。我會成為一個更棒的老公、更棒的爸爸。同樣地，如果我在家裡很快樂，我就會是更棒的員工、更棒的老闆。當工作進入緊鑼密鼓的收尾階段，有時不得不多加一點班，但工作時數並非重點。重點通常在活力，工作是否令你喪失活力？還是工作帶來充沛的活力？

大家都知道，世界上有兩種人。你正在開會，有一個人走進來。有些人加入會議能帶來能量，有些人加入會議只會讓大家洩氣。那種人會把會議裡的活力抽乾。你得決定，自己要成為哪一類人。在家裡也是如此。

這是飛輪、循環，而非平衡。所以用平衡來比喻非常危險，那意味著必須有所取捨。假如你失業了，所以有大把時間陪伴家人，但工作這一塊令你鬱鬱寡歡、意志消沉，你的家人一點都不想要接近你，希望你暫時離開一下。問題不在花多少時間上班，工作時數非主要因素。我猜，一週工作一百小時之類的可能會把你逼瘋，你可能會有個極限，但我從來沒有這種問題，或許是因為，這兩種生活層面都為我帶來活力。不論實習生或高階主管，我如此建議他們。

40 不要找傭兵

亞馬遜給的薪水非常有競爭力，但我們沒有那種提供免費按摩和一時好處的鄉村俱樂部文化。我始終對那種小恩小惠有點懷疑，因為我總覺得人們留在公司的理由是錯的。你希望員工留下來是想把事情做好。你不會想要公司裡有傭兵，你想要的是傳教士型的人。

傳教士關心自己該做的事。這其實沒有那麼複雜。你提供免費按摩，會令人心生混淆。例如：「喔，我不是真的很喜歡這裡的工作，但我很喜歡免費的按摩。」

要怎麼請到優秀的人才，讓他們不會離開公司呢？首先，你要給他們非常棒的任務——某件能真正實踐做事目的、具有意義的事。人們希望生活有意義，美軍在這方面享有巨大優勢，因為服役軍人真正是為國效力。他們的工作很有意義，那不同凡響的意義成為招募人才的強大優勢。但你也有可能把優秀人才給逼走，舉例來說，組織決策速度太慢是原因之一。一流人才為什麼要留在不能把事情做好的地方？他們待了一陣子後，看看四周說道：「聽我說，我很愛這份工作，但我沒有辦法完成任務，因為我們的決策速度太慢了。」像亞馬遜這樣的大公司，必須留意這點。

41 決策的兩種類型

有一些可以加快決策速度的方法超級重要。如果要我大膽向其他高階領袖建議，我會請他們注意一個我在亞馬遜也看見的現象：中階主管在做決策時，會以高階主管馬首是瞻，那樣做很平常，很多時候甚至是無意識的行為，人總是在注意高階主管的舉動，以其馬首是瞻。這類問題的關鍵在於，人們可能沒有考慮到決策有不一樣的類型。

決策分成兩類。有些決策不可逆，影響甚鉅，我們說那是單向門，或第一類決策，必須小心謹慎，慢慢做決定。我常常覺得自己在亞馬遜的職位是「減速長」。我會說：「天啊，那個決定，我要你們再給我十七種不一樣的分析，因為決策的影響很大，而且不可逆。」問題在於，大部分都不是那樣的決定，多數決策是雙向門。

你可以做出決定，然後走過去，結果發現決策錯誤，此時你可以退回原地再行處理。而在大型組織裡，所有事情到最後都當成重量級流程來做決定，但那種方式其實只適合不可逆、影響甚鉅的決策，這樣做事真是災難一場（大型組織才會有這種情況，這在新創公司不會發生）。

當你要做決策時，你得問一問：「這是單向門還是雙向門？」如果是雙向門，讓小團隊來做決策，甚至讓一個判斷力強的人來決定就好。做出決策，如果錯了就錯了，可以再改變做法。但如果是單向門，你要用五種不同的方式分析。要小心謹慎，因為只有放慢速度才能順利決定，而順利決定等於快速做出決定。

你不會想快速做出單向門決策。你會希望取得共識，或至少集思廣益、多方討論。

除了問一問決策是單向門或雙向門，還有一種方法能大幅加快決策速度，就是教大家「雖不同意，但全力支持」的原則。假設你已經有了熱情的傳教士型員工（你得擁有這樣的員工），每個人都很看重工作，但你一不留心，基本上決策過程會流於一場消耗戰，撐到最後的人就贏了。到最後，持相反意見的一方只能屈服：「好，我精疲力盡了，照你的方法做吧。」

那是全世界最糟糕的決策流程。大家都很灰心，你也只能有什麼結果就接受。由層級較高的員工把問題呈報給層級更高的主管，做法會好得多。有爭議的決策必須快速呈報，你不能讓兩名層級較低的員工爭執一年，把自己弄得精疲力竭，你有責任教層級低的員工該怎麼做。

當團隊成員爭執不下時，要往上呈報，而且要儘快呈報。此時，層級較高的你，聽完不同的觀點後要說：「聽著，目前我們都不知道什麼是正確決定，但我要你們跟我一起賭一把。我要你們雖不同意，但仍服從大局，全力支持。我們要這麼做，我強力要求你們不同意但支持。」

重點來了：有時相反意見發生在主管與下屬之間。下屬很想用一種方法做事，主管強烈反對，認為應該採取另一種做法。此時多半應該要由主管做到「雖不同意，但全力支持」。我經常不同意卻仍全力支持。我會為了某件事爭辯一小時、一天或一個星期。然後我會說：「你知道嗎？我真的很不贊成，但你對實際情況的了解比我深。我們就用你的方式去做。我答應你，我絕對不會對你說出『早就告訴你了』這樣的話。」

這麼做其實顯得相當沉著穩重，表示層級高的人擁有優秀判斷力。那樣的判斷力非常寶貴，有時即便下屬對實際情況了解比你多，還是必須否決對方的意見，但那是基於你的判斷。有些情況下你要說：「我了解這個人。」或是「我和他們共事好多年了，對方判斷力很好，他們非常不贊同我的意見，對實際情形了解較我深刻，我雖然不同意他們的意見，但仍願意全力支持他們實現目標。」

42 競爭的關鍵認識

日常中零和賽局令人不可置信地少見。運動比賽是一種零和賽局，兩支隊伍進入比賽場地，一支隊伍會贏，一支會輸；選舉是零和賽局，一名候選人會贏，一名會輸。但在商場上，幾個競爭者可以一起成功將市場做大，這再正常不過了。要在商場競爭中成功（我想，面對軍事對手也是一樣的道理），最重要的一件事是保持強健和靈活。意思是你要擁有規模。所以，身為美軍的一份子很棒，因為你的組織規模很大。規模是非常巨大的優勢，它能讓你保有強健體質，使你承受得住對方給予一擊，但你若能躲開攻擊也很好，這就是所謂的靈活。而且隨著組織規模擴大，你會益發強健。

你是否靈活，最重要的影響因素在於決策速度。其次是你願不願意嘗試。你必須願意冒險，你必須願意失敗，但人們不喜歡失敗。

我總是說，失敗有兩種。一種是實驗性失敗（experimental failure），你應該要為這種失敗感到開心，另一種是操作性失敗（operational failure）。好幾年來，亞馬遜蓋了好幾百座物流中心，我們知道方法。如果有天我們蓋出一座糟糕透頂的新物流中心，卻運作得很糟，像個災難，便是執行上的錯誤。這是很糟糕的錯誤。但是，當我們在開發新產品或服務，抑或實驗新做法時，效果不彰是可以接受的。那是好的失敗。因此，你要區分出兩種失敗的本質，努力創造發明和尋求創新。

想要維持創造發明和創新，你需要有適合的人才——你需要懂得創新的人。如果你不讓勇於創新的人做決定和冒險，他們會離開這個組織。你或許一開始就招募到這類人才，但他們在這裡待不久。善於建造的人喜歡打造事物。這一類事情其實大多都很單純，真的。只是要做到並不容易。關於競爭，另外一項重點是，你不會希望在相同水平的場域競爭。所以你才需要創新，尤其是像外太空和網路這類領域。

對週一晚上的美式足球賽來說，面對相同層次與水平的競賽非常棒。而在外太空和科技這類領域，數十年來我們享有傲人的競爭優勢。我很擔心這項競爭優勢很快就會有所轉變。想要保持領先，繼續享有傲人的競爭優勢（你一定希望如此），唯一的辦法就是創新。

在外太空領域，我們面臨不斷創新的敵手，這是非常嚴正的課題。如果你的敵手不擅長創新，你不擅長創新也無所謂。

就競爭而言，僅成為佼佼者之一還不夠。你真的希望自己也許要在未來，和厲害程度與你不相上下的人對抗，你真的願意嗎？我不願意。

43 大企業與政府

所有大型機構組織都要接受，也應該接受檢驗、監督與稽查，不管它歸屬哪種類型。政府應該接受稽查，包括政府機關、大型教育機構、大型非營利組織、大公司，統統要受到監督。這不是針對個人，而是社會樂見其成的事。我提醒過亞馬遜內部人員，不要將監督視為針對個人，那樣會浪費很多精力。監督很正常，其實是健康的好事。我們希望生活在一個人們會留心大型機構的社會裡。

我認為，亞馬遜是非常善於創造的組織，不論政府公布或實施怎樣的規範，都無法阻止我們服務顧客。在我想像得到的任何一種規範底下，顧客都還是會想要便宜的價格，他們依然會想要快速出貨，依然會想要豐富的選項。這些是非常基本的服務，也是我們在做的事。我還認為，政治人物和其他人真要了解大公司帶來的價值，不要全面或特別妖魔化、污名化大公司。就拿簡單的理由來說，自我從亞馬遜發展歷程見識到的，有些事情只有大公司辦得到。我知道亞馬遜有十個人時能辦到什麼事，知道我們有一千人時能辦到什麼事，知道我們有一萬人時能辦到什麼事，我也很清楚，今天我們超過五十萬人了，能辦到什麼事。

讓我舉個比較清晰的例子。我很欣賞在車庫創業的人，在這些公司身上投資很多錢。這些創業家中，很多人我都認識，但沒有人能在自己的車庫裡建造一整架全碳纖維、燃油效益極高的波音七八七飛機。那是不可能發生的事。你需要波音公司來做這件事。假如你很喜歡你的智慧型手機，那你需要蘋果公司，或需要三星公司來生產。這是運作良好的創業家資本主義的勝場。有時會出現無人處理的市場失靈狀況，你得尋求慈善事業和政府的協助。所以不同事情，需要不同的模式。但舉例來說，假如沒了波音、蘋果、三星，這個世界絕對會更糟。

44 第一個簽署《氣候承諾》

二〇一九年九月，亞馬遜公布《氣候承諾》（*The Climate Pledge*），成為第一個簽署的公司。《氣候承諾》的目標為提早十年達成《巴黎協定》的目標。以下取自《氣候承諾》宣示記者會的談話，其中包括亞馬遜永續發展科學團隊主管達拉．歐洛克（Dara O'Rourke）的發言。

《氣候承諾》簽署者同意做到以下幾點。第一，必須定期量測並通報碳排放量；第二，落實《巴黎協定》規定的減碳政策。因此，簽署人必須認真看待此事，在實際的經營活動中改變做法，達到減碳的目的。

第三，假使無法做到大幅減碳，仍須排放二氧化碳，簽署者同意採取可靠的抵銷措施。「可靠」是什麼意思？要以自然為本的方法處理。

我們必須要與其他大公司合作，才有可能真正落實《氣候承諾》，因為我們都互相在對方的供應鏈裡。因此，我們必須攜手合作來完成這些目標。非得如此不可。亞馬遜簽署承諾，希望能以我們的規模和方針帶領大家實踐目標，成為值得效法的典範。然而，就我們的實體設施規模和深度來說，這麼做並非易事。我們不只要將資訊傳輸到世界各地，還要運送包裹。我們每年運送超過一百億件商品，涉及規模龐大的實體設施。因此我們可以主張（而且我們打算積極推動這項主張），要是我們辦得到，任何人都能做到。我們會遭遇挑戰，但我們知道自己辦得到，也明白非做不可。

想要達成目標，在亞馬遜的一舉一動背後，一定要有完整充分的科學資訊。以下是達拉・歐洛克對亞馬遜方針的解說：

亞馬遜的各個團隊自二〇一六年起開始測量記錄亞馬遜對環境的整體影響。他們以典型的亞馬遜方法，為永續發展科學模型和資料系統奠定基礎。這個方法就是將科學連結至科技，再連結至為顧客著想的態度，因應我們所有人都面臨到的大規模永續性挑戰。

過去這幾年，我們的工作焦點為收集資料、建立模型和打造工具。不僅幫助團隊追蹤他們的環境碳排放量，同時也幫助他們在公司內部以及供應鏈中徹底減少碳排放。

亞馬遜是一間非常大又很複雜的公司，因此我們不得不打造出全世界最精密的碳排放計算系統。我們必須打造能夠處理粒狀資料的系統，但要能讓亞馬遜的團隊可以放手創新，還要能顧及公司的整體願景。資料解析必須如此精細才能實際操作，我們的系統完整程度足以涵蓋整間公司，而且精準程度足以深入系統層級，提供各項完善的系統功能。

我們可以全面深入各項產品、流程與服務。以Echo音箱為例，我們要先回到供Alexa運作的資料中心了解製造過程的影響，再去了解將Echo音箱包裹運送至顧客家裡的飛機、卡車、包裹，對環境造成多少影響。

目前為止，我們根據「環境生命周期評估」學術研究方法，打造出五種模型。有四種是同時適用物流中心和資料中心的運輸、包裝、電力的流程模型，以及關於裝置的流程模型。我們將內部作業資料（以財務資料算出的實際數據）與外部科學資料結合，全部納入我們的碳足跡資料。

我們也用這項數據進行氣候風險分析。我們與亞馬遜雲端運算（AWS）服務合作，打造超過五十五個天氣、氣候與永續發展的基礎資料集，在AWS的基礎設施上，運用最先進的機器學習工具；世界各地的非營利組織、學術機構和政府機關，已經在運用這些工具，實際解決氣候問題。

我們從中取得關於公司營運的活動資料，將其連結至減碳模型，透過協作層，用資料與模型組成決策支援工具，公司裡的各個團隊可以用這些儀表板、指標和機制，將碳排放量減至最低。這每一個模型的背後，都有周全的邏輯以及詳細的粒狀資料。

運輸模型的重點放在產生碳的關鍵驅動因素，也就是車輛類型、燃料類型以及運輸路線。我們可以分析現有的網絡和物流情形，同時認識有哪些新興科技、新興交通工具和替代燃料。我們現在有能力針對下列工具建立模型，包括即將問世的電動車和無人機，以及未來會出現的創新交通工具。我們因此能透過設計，將永續發展融入未來的產品類型、科技以及顧客創新。

若非這些指標與這樣的資料，亞馬遜團隊不可能有如此遠見，有些高瞻遠矚的想法甚至違反尋常直覺。當日運送到府其實是亞馬遜運輸選項中碳足跡最少的運送方式。原因在於，將存貨放置在距離顧客比較近的地方，多半有利於永續發展。

我們打造的系統（包括模型和指標）幫助在亞馬遜工作的團隊，清楚了解到能如何減少碳排放。為了亞馬遜的顧客和這顆星球，我們正在努力從整體減量發展到針對某個環節減少碳排放，並致力創新。

我們想要成為領袖，成為他人的楷模。事情是這樣的，在這個議題上，我們跟大家沒有什麼分別，但我們希望能為人先鋒。我們想要起身領導，告訴其他公司，如果像亞馬遜這般複雜、規模如此龐大、角度如此多元、實體設施條件如此的公司都能做到，你們也辦得到。

今天，亞馬遜使用百分之四十的再生能源，因為我們蓋了十五座符合公共供電等級的太陽能發電廠和風力發電廠。我們已經在世界各地的物流中心和分貨中心的屋頂上裝設太陽能板。

目標是什麼？這個嘛，在再生能源這一塊，我們要努力在二〇四〇年以前達到使用百分之八十再生能源的目標，並在二〇三〇年以前百分百使用再生能源。亞馬遜團隊正積極推動，希望在二〇二五年，就做到百分之百使用再生能源。我們有達成目標的可靠計畫。

我們也有很多送貨的車子，這些貨車目前都以化石燃料為動力。二〇一九年九月，我們訂了十萬輛里維安公司出品的電動貨車。像《氣候承諾》這樣的誓約，會帶動整個經濟體，打造有助大公司兌現承諾的產品與服務。這就是我們在里維安投資四億四千萬美元的理由。

我們和大自然保護協會（The Nature Conservancy）合作，成立了「即時氣候基金」（Right Now Climate Fund），捐贈一億美元協助造林。造林就是用自然方法幫地球大氣層減碳的好例子。

隨著這樣的經濟模式逐漸發展，人們也開始認真看待零碳議題，願意在真實商業活動中實際改變，這麼做會釋放出一個強烈的訊息，讓市場知道要開始發明和發展新科技，讓全球化的大公司兌現減碳承諾。有鑑於此，我們更是需要攜手合作。我們要多說服公司簽署這項承諾，以實際作為傳遞出強烈的市場訊息。亞馬遜確實很大，但假如我們能說服許多大型公司一起努力，向市場傳遞出的訊息會更有力量——尤其是，我們的供應鏈是如此相依相存。唯有合作，別無他法。

45 貝佐斯第一天基金

貝佐斯第一天基金成立於二〇一八年，投入二十億美元，致力於在兩個領域創造長期和有意義的影響：為協助流離失所家庭的現有非營利組織提供資金，以及在低收入社區建立新的第一線非營利學前班網絡。

第一天家庭基金（Day 1 Families Fund）每年頒發領導獎，給那些向急需救助年輕家庭付出關懷，提供避難所和饑餓救援物資，大力推動改變的組織和民間團體。基金的願景宣言來自啟發人心的西雅圖非營利組織瑪麗之家（Mary's Place）：不讓任何一個孩子流落街頭。

第一天學院基金（Day 1 Academies Fund）正在籌辦組織，預計在學前教育服務不足的社區，推出採用蒙特梭利教學法的優質全額獎學金學前班。我們將擁有學習、開創和改善的機會。我們也將採行推動亞馬遜的同一套原則。最重要的一點在於，我們會抱持同樣真心一意為顧客服務的心態，來協助基金幫忙的對象。這組傳教士團隊的服務對象很明確，就是全美各地教育服務不足社區的孩童。

以下談話內容，為二〇一八年九月十三日，貝佐斯在華盛頓經濟俱樂部與主席大衛．魯賓斯坦的對話。

我用來創造第一天基金的流程很有效。我先徵求點子，類似把構思的工作外包出去。結果真的，大概收到四萬七千份回應，甚至可能還多一些。有些人把點子寄到我的信箱，大部分寫在社群媒體上，我讀了成千上萬個構想。辦公室職員分門別類放進桶子裡，歸納出共同的主題。群眾外包最迷人的一點就在十足的長尾效應。大家想出各種不同的方法，對幫助世界變得更好興致勃勃——你想得到的，應有盡有。有些人非常關心藝術和歌劇，覺得這一塊很缺資金。很多人關心醫療和特定疾病，認為應該獲得更多研發基金。這些想法都對。也有許多人非常關心各種教育議題，包括大學獎學金和見習方案等。

我個人非常關心早期教育，畢竟孩子會有樣學樣。我的母親因為經營貝佐斯家族基金會（Bezos Family Foundation）的緣故，成為早期教育的專家。我是蒙特梭利學校的畢業生，從兩歲開始念蒙特梭利學校——老師曾經向我媽媽抱怨，說我做事太專注，她沒有辦法叫我改做其他活動，只好把我連椅子一起搬走。順帶一提，你去問和我一起工作的人，直到今天應該都還是這樣。

我們會成立不收學費的蒙特梭利學前班，以非營利組織的方式經營。我聘請了執行團隊，會有一組團隊負責領導。我們會經營這些學校，將學校設在低收入社區。我們深知，當一名孩子學業落後，想要追上別人的發展，會變得非常、非常困難。如果你能在他們兩三歲或四歲，助其一臂之力，等他們上幼稚園或一年級，學業成績就不太會落後。還有落後的可能，但機率已經降到很低。多數家長都會用心確保孩子接受良好的學前教育，想辦法贏在起跑點。好的開始是成功的一半。如果你能在兩三歲、四歲有個好的開始，會有強大的加乘效果。重點來了，你會事半功倍。這筆錢花下去，會在往後數十年，回收可觀的報酬。

我們也會有比較傳統的慈善捐款項目。我會聘請全職團隊尋找符合資格的遊民家庭庇護所，為其提供資金。

這是第一天。我做的每一件事都是從小規模開始。亞馬遜剛開始只有幾個人而已。藍源最初只有五個人，預算少得不得了。現在藍源的年度預算超過十億美元。亞馬遜起家時就只有十個人，到今天，已經超過七十五萬人。別人一下子就忘記這點，但對我而言，還只是昨天的事——我自己開著車把包裹送到郵局，希望有一天能買得起一輛堆高機。所以，我是見識過事情從幼苗長大的，這是第一天心態的環節。我喜歡用對待幼苗的方式處理事情。即便亞馬遜已經是一間大公司了，我仍然希望它擁有小公司的用心和精神。第一天基金也要如此才行。我們也會偶爾漫想。我們很清楚自己想做什麼，但我相信漫想的力量。我在商場上、生活中做過最棒的決定，全都是發自內心、順從直覺、符合本能的決定，不是詳細分析的結果。如果你可以在分析過後決定，那你應該要先分析，但在人生的道路上，最重要的決定往往要聽從你的本能、直覺、喜好和傾聽內心的聲音。我們的第一天基金，也會採取這樣的決策方式。這是第一天心態的其中一環。隨著開始打造非營利學校網，我們將會學習到新事物，了解如何做得更好。

我們的顧客就是莘莘學子。這點非常重要，因為顧客至上是亞馬遜的成功祕訣。亞馬遜的基礎奠定於幾項原則，但目前為止，帶亞馬遜成功最重要的一點在於專心致志為顧客著想，用積極專注的心態服務顧客，不將焦點放在競爭對手。我很常跟其他執行長、創辦人、企業家交談，我很清楚，即便他們三句不離顧客，真正的焦點還是在競爭對手。如果你能把焦點放在顧客，而非競爭對手身上，這對公司來說會是一大優勢。你必須找出你的顧客是誰。以《華盛頓郵報》的例子來說，顧客是下廣告的人嗎？不是。顧客是讀者，就是這樣，沒了。廣告商會到哪裡下廣告呢？到有讀者的地方。所以事情並不那麼複雜。誰是學校的顧客？是家長嗎？是老師嗎？不對，是學生。我們要以顧客為中心，用積極專注的心態服務莘莘學子。可以運用科學的時候，我們要運用科學；需要聽從心裡的聲音和直覺時，我們會聽從心裡的聲音和直覺。

我打算捐出我的萬貫財富。我不知道會捐出多少——我也會拿很多錢挹注藍源。

我從理念出發，努力實踐。如果你有也一個理念，有三種實踐的方法：你可以找政府合作、成立非營利組織，或是成立營利事業。如果你能找出透過營利事業宣揚理念的方法，可以獲得許多好處。理由很多，首先，營利事業是自給自足的經營模式。以iPhone為例，我們完全不需要生產手機的非營利事業，事實證明手機製造業是一個健康的競爭生態，市場沒有失靈。假如，你像蓋茲基金會（Gates Foundation）那樣，想要開發室溫疫苗。這是一種沒有市場的產品，買得起疫苗的人都買得起冷藏設備。你要著手解決的問題，市場上沒有解決方案，你得另謀出路，例如找法院和軍方合作。你甚至想不出非營利模型。

錢要花到哪裡去？實話實說，我會把很多錢捐給像第一天基金這樣的非營利模型。但我也會拿大筆金錢挹注像藍源這樣的事業。任何理性的投資人都會說這是很糟糕的投資，但我認為此舉至關重要。我希望藍源蓬勃發展，成為一間自給自足的公司。

46 未來世代的太空計畫

以下為二〇一九年五月九日，貝佐斯在華盛頓特區的一場活動上，為藍源揭曉月球登陸器「藍月」，所發表的談話。

藍源是我手上最重要的工作。我深信這間公司會成功，理由很簡單：地球就是最棒的星球。

我們要一起深思一個大哉問：人類為何要前進外太空？我的答案不是人們常說的「備用星球論」——地球會毀滅，人類必須到其他地方去。這種想法缺乏動力，不能說服我。高中時，我寫過：「地球是有限的，如果世界經濟和人口不斷擴張，人類就一定要到外太空發展。」我至今仍然相信這件事。

「太陽系裡哪一顆是最棒的星球？」這個問題很簡單，因為我們已經送機器人探測器，去過其他每一顆星球。有一些探測活動是近天體飛行，但我們所有星球都偵查過了，而地球就是最棒的星球——這麼說還不夠準確，地球是真的很棒。有朋友想要搬到火星上去住？我說：「拜託，你先到聖母峰山頂住一年，看喜不喜歡吧。跟火星相比，那裡根本是花園天堂。」千萬別告訴我你想住金星。

看看地球，多麼棒的一個地方。我心目中的大英雄吉姆・洛威爾（Jim Lovell）在阿波羅八號任務環繞月球，做了一件偉大的事。他伸出大拇指後發現，在千里之外，他可以用拇指遮住整個地球，所知的一切，都可用拇指遮住。然後，他說了一句了不起的話，就是那句朗朗上口的「我希望自己死後上天堂，但我在那一刻明白了，你一出生時就在天堂」。地球就是天堂。

天文學家卡爾・薩根（Carl Sagan）曾經說過富含詩意的話：「那個藍點上有你認識和聽過的每一個人，每一個在那裡生活的人，活出了自己的生命。在浩瀚的宇宙競技場裡，這是一個小小的舞台。」從古至今，人類始終認為地球很巨大，的確，地球一直很大，而人類則是渺小的存在。但事情不一樣了，地球不再那麼宏偉。人類社會變得很大，地球對我們來說似乎很大，卻是一個有限的地方。我們必須認知到有一些急迫的問題，需要立刻著手解決，而我們正在努力。我說的問題迫在眉睫，有貧窮、饑餓、無家可歸、污染和海洋漁業過度捕撈。這些問題兵臨城下，可以列出一長串清單，我們必須在這個當下投入解決，刻不容緩。但也有一些是長遠問題：那些問題也要解決，要花很長的時間，不能等長遠問題變得急迫，才去處理。我們可以同時進行，一面解決眼前的問題，一面開始處理長遠問題。

我們到外太空去是為了保護這顆星球，所以這間公司取名為藍源——為了我們生長的藍色星球而努力。但我們不樂見人類文明的停滯，若是甘於待在這顆星球，那麼文明的發展就會變成大問題，那是長遠的問題。

人類面臨到一個非常基本的長遠問題，就是地球的能源終有耗盡的一天。這是單純的數學運算結果，總有一天會發生。以動物的身分來看，一個人要耗掉九十七瓦的能源（人類的基礎代謝率），但身為已開發世界的一份子，一個人可能會用掉成千上萬瓦能量。我們從中獲得許多好處。我們生活在變化萬千和成長的年代。你過著比祖父母更好的生活，你的祖父母過著比他們的祖父母更好的生活，有很大一部分原因在於我們能生產充沛的能源並為己所用。使用能源為人類帶來許多好事情。如果你去醫院看病，你會用掉很多能源。醫療設備、交通設施、各式各樣的娛樂活動，以及我們接受的治療，全都必須耗費大量的能源。我們不希望停止使用能源，但地球無法負荷我們的用量。

綜觀人類歷史，全球能源使用量為每年增加百分三。聽起來不是很多，可是許多年後，每天增加一點會演變成巨量。人類的能源使用量每年增加百分之三，相當於每二十五年增加一倍。以現今全球能源使用量來看，在內華達州鋪滿太陽能板，就能滿足全球用電量。聽起來是很大的挑戰，但應該做得到，反正內華達州幾乎是沙漠。但以百分之三的歷史複合年增率來計算，只消再過個幾百年，必須將地表鋪滿太陽能板，能源才夠用。如此一來，便不可行了。那樣是非常不切實際的做法，我們可以確定辦不到。那我們要怎麼辦呢？

這個嘛，我們可以將焦點放在能源效率上，這會是一個好主意。但問題是，我們老早就這樣做了。好幾百年來，人類能源消耗量以每年百分之三持續增加，而我們始終將焦點放在能源效率上。讓我告訴你幾個例子。二百年前，一個人要工作八十四小時，才能夠負擔一小時的人工照明，今天只要工作一．五秒。我們從點蠟燭進步到用油燈，再發展到白熾燈泡與LED燈，在能源效率上大有進展。另外一個例子則是航空運輸。經過半個世紀，商業航空運輸效率進步了四倍。半個世紀前，載一個人飛越美國東西岸，要用掉一百零九加侖的燃油。到今天，搭乘現代的波音七八七飛機，只要二十四加侖。進展幅度之大，實在不可思議。

那電腦運算呢？電腦運算效率提升了一兆倍。尤尼伐克（Univac）電腦用三千六百度電，可以計算十五次。現代處理器用三千六百度電，可以計算十七兆次。現在，效率大幅提升了，結果呢？人類用得更多。人工照明變得非常便宜，所以我們大量使用人工照明。電腦變得非常便宜，所以我們甚至有了SnapChat 這樣的即時聊天軟體。

我們對能源的需求與日俱增、不曾間斷。即使能源使用效率提升了，我們會繼續擴大用量。百分之三的複合年增率，這條算式已經假定，人類在未來會有效率更高的能源使用方式。當索求無度遇上資源有限，會走向什麼情況？答案非常簡單：配給制。我們會走上這條路，一旦發生，人類史上頭一遭，你的子孫和他們的子孫會過得比你糟。那是非常不濟的一條路。

好消息是，假如我們往太陽系拓展，我們實際上就會擁有無限的資源。因此我們必須選擇：我們想要發展停滯、定量配給嗎？還是追求變化萬千和成長呢？這是一道簡單的選擇題。我們知道自己想要什麼，只差要動起來。太陽系有可能支持一兆人口，代表我們會有一千個莫札特和一千個愛因斯坦，成就非凡的人類文明。

殖民外太空

那是一個什麼樣的未來呢？一兆人口將要住在哪裡？普林斯頓大學物理學教授傑拉德・歐尼爾（Gerard O'Neill）仔細想過這個問題，一針見血提出一個從來沒人問過的問題：「人類要往太陽系拓展，星球表面是最佳地點嗎？」他和學生開始嘗試回答問題，得到一個非常驚人的答案，而且結果與他們的直覺違背：不是。為什麼不是呢？這個嘛，他們想到會遭遇許多問題。其中一個問題是，其他星球的表面不夠大。充其量只比地球大出一倍，但還不夠大。而且距離實在太遙遠。來回火星一趟的時間要用年為單位來計算，而且發射至火星的時機點，每二十六個月只有一次，這會造成非常嚴重的運輸問題。最後，因為距離太遙遠，你無法和地球即時通訊。以光年計算的時間差，會限制人類和地球的溝通。

最根本的問題是其他星球的表面沒有、也無法提供像地球這樣的正常重力。你會因為當地的重力場而陷入困境，以火星的例子來說，重力是地球的三分之一。因此，歐尼爾和學生提出創造世界的想法，用人工世界繞行的離心力來創造重力場。那是非常龐大的架構，綿延數里，每個人工世界可以住一百萬人，甚至更多。

太空殖民和國際太空站是完全不一樣的東西。殖民地要有快速的交通工具、農業區和城市。太空站的重力不必每個都一樣。你可以打造零重力的娛樂殖民地，用自己的翅膀就可以飛上天。有些地方可以設計成國家公園。那些都是非常適合居住的地方。歐尼爾的殖民地裡，有一些可能會選擇複製地球的城市。這些人也許會選擇歷史上出現過的城市，模仿其中某些特色。殖民地會有嶄新的建築形式，天候完美。一整年都是風和日麗的夏威夷茂宜島，沒有下雨，沒有暴風雨，也沒有地震。

當建築物的主要功能再也不是遮風避雨，會變成什麼樣子呢？以後就知道了。但這些殖民地一定會很美麗——人類會想要居住於其上——而且殖民地會離地球很近，讓你想回來的時候可以回來；這很重要，因為人類會想回到地球，不會想要永遠離開。殖民地之間的交通會非常便利。在歐尼爾的殖民地之間往返，造訪親朋好友或前往娛樂區，只要花一點點的能源，即可快速當日抵達。

有一次歐尼爾教授和知名科幻小說家以撒．艾西莫夫一起上電視。主持人向艾西莫夫提了一個非常棒的問題：「有沒有誰在科幻小說料到（歐尼爾殖民地），如果沒有的話，為什麼他們都沒料到？」艾西莫夫給了一個非常棒的答案：「沒有人料到這件事，真的沒有，因為我們都是星球沙文主義者。我們都相信人類應該住在世界上某個星球的表面。我曾經寫過月球殖民地。其他一百個科幻寫說家也寫過。我的作品裡最接近自由空間人造世界的描述，是人類前往小行星帶，挖小行星來製造太空船。我從來沒有想過把小行星的物質帶到比較宜人的地球周圍，在那裡創造世界。」

行星沙文主義者！打造歐尼爾殖民地，實踐這樣的願景，會帶人走向什麼樣的境界？對地球會產生什麼樣的意義？地球會成為居住區和發展輕工業的地方。這個美麗的地方適合居住，這個美麗的地方適合造訪，這個美麗的地方適合念大學和從事輕工業活動。重工業和所有會造成污染的產業——所有會破壞我們這顆星球的東西——統統在地球以外的地方進行。

人類將能保護這獨一無二的珍貴星球，完全沒有地方可以取代它。我們沒有其他備案，只能拯救我們這個地球，而且我們不能放棄讓子孫擁有一個變化萬千和不斷成長的未來。我們可以兩者兼顧。

會由誰來完成這項工作呢？不是我。這是一個需要花長時間實現的宏偉願景。會由現在在學校裡念書的孩子和他們的孩子來實現。他們會橫跨整個生態系，創建成千上萬間未來公司，打造出一整個產業。他們會從事具創業精神的活動，讓擁有創意的人發揮頭腦，想出利用太空的新點子。但在今時今日，我們沒有那些具創業精神的公司。之所以不可能，是因為現在要在太空上做有趣事，入場費實在太高了。因為我們沒有基礎設施。

我在一九九四年創立亞馬遜。成立亞馬遜需要有耗費心力打造的基礎設施，在當時，那些基礎設施都已經到位。我們不需要打造送包裹的運輸系統，這套運輸系統已經存在了。如果我們必須打造那樣的系統，手上要有數十億美元的資金才夠。但已經有那樣的運輸系統了，叫作美國郵政、德國郵政、英國皇家郵政、優比速（UPS）和聯邦快遞，我們要利用那些基礎設施。付款系統也是。我們有必要發明和推出新的付款系統嗎？那要花數十億美元和好幾十年的時間。我們不需要，已經有一套系統了，就叫信用卡。我們有必要發明電腦嗎？不需要，大部分的家庭裡已經有電腦了，雖然主要用來玩遊戲，但電腦就在那裡，基礎設施已經有了。我們有必要打造電信網絡，再去花個數十億美元嗎？不，我們不需要，已經有了。AT&T 等全球電信業者，以及世界各地的類似公司，已經鋪好電信網絡，主要用來打長途電話。基礎設施讓創業家得以辦到偉大的事。

歐尼爾殖民地會由現在的孩子和他們的孩子，以及子子孫孫來打造。在我這一代，會開始打造推動殖民地建設所需要的基礎設施。我們會建造通往外太空的道路，接著不可思議的事會發生。那時，你會看見符合創業家精神的創意事蹟，會有太空創業家在自己的宿舍裡創立公司。今天，那些事情還無法發生。

打造未來人類夢土

那麼，我們究竟要如何打造歐尼爾殖民地呢？沒有人曉得，我也不知道。我們的後代會釐清相關細節。但我們知道一件事，就是我們要通過某些門檻，符合某些先決條件。如果我們不去做，就永遠無法完成。幸好我們知道該做些什麼，因為你可以動手去做，深深相信能帶來幫助。不管未來願景的細節會如何發展，都包含兩樣基本要素。第一，我們必須大幅降低發射太空船的成本。現在發射太空船的成本實在太高了。第二，我們必須運用太空資源。地球有一個非常強大的重力場，你不可能從地球開挖所有資源，再全部送入太空，必須運用本來就在外太空的資源。

藍源以水星計畫中首位進入外太空的美國太空人艾倫·雪帕德為名，將可重複使用的次軌道火箭系統命名為「新雪帕德號」，用來載太空人和研究酬載＊通過國際公認的太空疆界「卡門線」（Kármán line）。以太空人約翰·葛倫命名的「新葛倫號」則是單一配置重型運載火箭，可將人員與酬載定期送入地球軌道，以及在那之外的宇宙。

我對新雪帕德號最深的期許就是，我們可以利用新雪帕德號多加練習。即使是經常發射的運載火箭，每年也只會發射幾次，將酬載送入軌道。一年只做幾次的事情，永遠不可能真正上手。

假設你要動手術，你最好確定那位外科醫生每週至少會開五台刀。如果你的外科醫生每週至少執行五次，有這樣的實際數據佐證，你會知道手術安全多了。因此我們必須要以非常頻繁的頻率，固定前往外太空。今天航空運輸之所以能如此安全，其中一個原因就是我們經常實際操作。

我們需要更多太空任務。假設酬載物造價數億美元，那麼酬載物的成本比發射火箭的成本還高。如此一來，發射載具就有非穩定不可的龐大壓力，不太能夠改變——可靠變得比成本更重要。但其實，這樣會讓你朝錯誤方向發展，去選擇減少發射次數，打造成本奇高的衛星。這樣的例子屢見不鮮。

藍源的目標是反覆練習，因此我們必須擁有可操作、可重複使用的發射載具。關鍵在於必須可以實際執行。想要重複使用一艘太空梭，這樣的想法令人望之卻步。美國太空總署其實會把太空梭帶回去，徹頭徹尾仔細檢查，再重新使用。如果太空梭是消耗品還比較簡單。你不可能把波音七六七飛機開到目的地，然後用 X 光機檢查整架飛機，把飛機整個拆開來看，還預設成本不會太高。因此相較於太空梭，飛機能否重複使用，更是關鍵中的關鍵。我們的目標是透過重複使用來降低成本，未來願景則放在，如何讓人們在外太空真正做到積極創業。

---

*編按：payload，根據國家教育研究院力學名詞辭典解釋，指一個飛行物體在空中飛行時所負荷的重量，除了維持運作的基本系統外，其餘的荷重稱為酬載。

藍源團隊的可重複使用運載火箭「新雪帕德號」進展不同凡響，我深感驕傲。我們用了兩個助推器，一個連續發射五次，一個連續發射六次，總共連續著陸十一次。兩次發射之間幾乎不需要翻修，所以發射成本可以降低。你得要有可以重複使用的運載工具才行。截至目前為止，我們的發射載具只能使用一次就要丟掉。除此之外，可重複使用不能只是表面功夫，不能把運載工具帶回來大肆翻修，那樣也很花錢。我們很快就能用新雪帕德號載人飛行，真令人期待。

我們為了太空旅行而打造次軌道載具新雪帕德號，並在當時做了一些奇特的技術面決策。首先，新雪帕德號的動力來自效能最高，也最難運用的火箭燃料液態氫。次軌道任務不需要用到液態氫，但我們知道下一個階段必須使用液態氫，因此我們做了這樣的選擇。我們想要練習使用這種最難以運用、效能卻極高的推進劑。雖然就現階段的規模來說，新雪帕德號大可採行別的降落機制，但新雪帕德號依然採用垂直降落技術，也是這樣同樣的道理。垂直降落技術的優點在於規模可以輕鬆擴大。雖然和人們的直覺大相逕庭，但是載具體積愈大，垂直降落就愈是容易。垂直降落就像用指尖頂起一把掃帚。你可以頂起一把掃帚，但試試看用指尖立鉛筆。鉛筆的轉動慣量太小了。我們的目標從一開始就是打造載人等級的火箭，因此我們不得不考量清楚安全性、可靠度和逃生系統的問題——我們知道，這些都需要實際操作，才能打造出新一代的運載工具。由此可知，操作極其關鍵。

新葛倫號是新雪帕德號的大哥，這個龐大的載具擁有三百九十萬磅的推進力，甚至能把新雪帕德號裝入酬載艙。有時候，有些人會問我一個非常有趣的問題：「傑夫，往後十年會有什麼樣的變化？」晚餐時聊到這個話題很有意思，我喜歡給一些有趣的答案。然而有一個更重要的問題，幾乎沒有人問過我：「未來十年有什麼不會改變？」那是非常重要的問題，因為你可以根據那些不會改變的事物，去勾勒自己的藍圖。我很確定，亞馬遜的顧客未來十年依然會想要低廉的價格，那是不會改變的事情。顧客會想要快速送貨到府，他們會想要各式各樣的商品選項。因此，我們在這些事物投注的心力，將會繼續得到回報。我無法想像十年後顧客對我說：「傑夫，我很愛亞馬遜，要是你們出貨速度能慢一點就好了。」或是「要是價格能高一點就好了」不可能發生那種事。當你理解某些事情在多數情況下都是不變的真理，就可以投入精力。

我們知道，對新葛倫號而言，真理就是成本、可靠度和準時發射。在我們進入下個階段，正式踏入太陽系之前，每一方面都要提升，而且我很清楚，不論時間怎麼走，這三項原則始終不變。十年後，不可能會有新葛倫號的客戶對我們說：「傑夫，你知道的，要是火箭的故障頻率能再高一點就好了。」又或者說：「我希望收費再高一點。」或是希望「發射日期延遲」。順帶一提，關於能否使用及準時發射，這樣的大哉問，若非直接身在太空產業，大部分的人都不太了解。延遲會讓事情打結，讓酬載客戶付出高昂的金錢代價。由此可知，這三項原則不會改變。我們會將精力用在那些地方，運載工具的設計完全以這三點原則為主。

可重複使用絕對是大幅降低發射成本的關鍵。有時候大家會很好奇燃料有多貴，想知道燃料會不會造成問題。液態天然氣的花費很低。雖然新葛倫號有數百萬磅的推進力，燃料和氧化劑的成本其實不到一百萬美元——在整個火箭系統裡實在微不足道。現在，將火箭射入軌道會如此昂貴，原因在於，我們要丟棄硬體設備。好比把車開到賣場，開一趟就要把車丟掉，那樣一來，你到賣場的路程成本會非常高。

我們必須跨越的第二道門檻是利用太空資源。我們必須使用太空資源，而且有一個上天送我們的禮物：這個離我們很近的天體，叫作月球。相較於阿波羅號的年代，甚至是二十年前，我們現在對月球了解得更深入了。我們得知一件非常重要的事，就是月球上有彌足珍貴的水資源，在月球兩極，終年陰暗的隕石坑裡，以冰的形式存在。水經過電解會產生氫氣和氧氣，就有推進劑了。月球的另外一項優點（月球是禮物的另一個原因）是位置很近，只要三天就能抵達，不受往返火星的二十六個月發射限制，想去就去。而且，要在太空打造大型物體，有一點很重要，就是月球的重力比地球輕了六倍。你可以從月球取得資源，並用非常低廉的成本將資源送進自由空間。從月球開挖一磅重的物體並送入太空，比從地球開挖同樣重量的物體，能源消耗量少了二十四倍，是一大利多。

但是月球上也需要有基礎建設。利用月球登陸器「藍月」可以在月球打造基礎設施。我們花了許多年的時間開發這個體積非常龐大的登陸器，將三・六公噸的物體，以軟著陸的方式精準送至月球表面。將來，儲存槽擴大款式，則是能將六・五公噸的物體，以軟著陸的方式送至

二〇一九年五月九日，貝佐斯展示月球登陸器「藍月」（版權所有©藍源）

月球表面。艙板介面設計將會很簡單，讓各式各樣的酬載都能穩固地放在上甲板。要將物品從艙板卸下，放到月球表面時，使用的是類似海軍軍艦的吊柱設備，而且可以依照酬載物，量身打造吊柱。

我們可以在月球上進行許多有趣的科學活動，尤其是月球的兩極地區，而且藍源籌組科學顧問委員會，確保妥善從事科學活動，將錢花在刀口上。藍月也接受客戶的委託，客戶也將在月球上執行科學任務。對於能夠用軟著陸的方式，將貨物、探測車、科學實驗設備精準放置於月球表面，大家都很期待。今天，人們還沒有那樣的能力。

彭斯副總統表示，川普政權和美國

政府明訂政策，要在未來五年之內，再次將美國太空人送上月球。這是對的事情，我樂觀其成。如果你正在家裡計算那是幾年，我可以告訴你是二〇二四年，亞馬遜可以幫助美國在期限內達成目標。是時候該回到月球了，這一次，人類要留在那裡。

我們必須為子孫和他們的子孫創造一個變化萬千的未來，不能讓他們受停滯和定額配給所害。這一代有責任開創前往太空的道路，讓未來的世代能夠發揮創意。當這一切成為可能，未來太空創業家所需要的基礎設施到位了——就像一九九四年我可以創立亞馬遜那樣——你將會看見不可思議的事情，而且會發生得非常快，我敢向你保證。當人們不再受到拘束，會發揮無限創意。如果這一代能鋪好前進外太空的道路，把基礎設施建設好，那麼我們將能看見成千上百位未來創業家打造出真正的太空產業。我希望自己能啟發他們。這聽起來是很宏大的願景，也的確如此。每一步都不容易。儘管困難重重，但我仍然鼓勵大家築夢。各位可以這樣想：千里之行，始於足下。

47 在偉大的國家繼續創新

感謝西瑟霖（David Cicilline）主席、副主席單勃納（James Sensenbrenner）以及各位小組委員。我是傑夫．貝佐斯。我在二十六年前創立亞馬遜，長期致力於，使其成為地球上最以顧客為中心的公司。

我的媽媽賈姬，十七歲，在新墨西哥州阿布奎基市念高中時，生下了我。懷孕的高中生在一九六四年的阿布奎基市不是很受歡迎，所以她不太好過。校方要把媽媽趕出去的時候，我的外祖父到學校聲援她。一番商量後，校長終於說：「好吧，她可以留下來完成高中學業，但她不能參加任何課外活動，也不能使用置物櫃。」外祖父接受這個條件。雖然媽媽不能和同學一起走上台領畢業證書，但她順利完成了高中學業。媽媽下定決心跟上應有的學業進度，便報名了夜校。如果有教授願意讓她帶著嬰兒到教室，她就選那些課去上。她會帶兩個行李袋到學校去——一個裝滿教科書，一個裝著尿布、奶瓶，以及所有能吸引注意力，讓我安靜幾分鐘的東西。

我爸爸的名字是米蓋爾，他在我四歲時收養了我。他是古巴人，十六歲的時候，卡斯楚剛掌權沒多久，就參加彼得潘行動來到了美國。我爸爸隻身抵達美國，他的雙親認為在美國會比較安全。他的媽媽認為美國應該很冷，所以就用手邊唯一的物資——抹布——幫他縫了一件外套。我們還保有那件外套，就掛在我父母家的客廳裡。爸爸在佛羅里達州的馬泰坎伯難民營（Camp Matecumbe）待了兩個星期，之後住進了德拉瓦州威明頓市的天主教機構。他能進那間天主教機構真的很幸運，即便如此，當時的他並不會說英文，生活也不好過。他所擁有的就是十足的膽量和決心。他拿到在阿布奎基市念大學的獎學金，在那裡認識了我媽媽。人生會給你不同的禮物，而在我的生命中，最棒的禮物就是我的父母。從小到大，他們都是我和弟弟妹妹的好典範。

你會從祖父母身上學到和父母不一樣的事情。而我有這樣的機會，在四歲到十六歲，到外公外婆的德州農場裡度過夏天。我的外公是一名公務員，也是農場主人。一九五〇到一九六〇年代之間，他在原子能委員會從事太空科技和飛彈防禦系統的工作。他是個自立自強、足智多謀的人。如果你身在一處鳥不生蛋的地方，有東西壞了，你不會拿起電話找人，你會自己修繕。小時候我見識過，他自己處理了許多看似無法解決的問題，包括把壞掉的開拓重工牌推土機修好，以及自己做獸醫的工作。他教我要挺身面對困難的問題。遇到挫折時，要回過頭去再嘗試一遍。你可以自己開拓一片天地。青少年時期的我，將這些人生智慧謹記於心，成為一個喜歡在車庫裡發明東西的人。我把水泥填入輪胎發明自動關門器，用雨傘和錫箔紙做過一個不太成功的太陽能炊具，還用烤盤做鬧鈴，誘騙弟弟妹妹。

我在一九九四年想出創立亞馬遜的概念，打造一間擁有數百萬冊書籍的網路書店（實體世界絕對辦不到），這樣的念頭令我興奮不已。當時，我在紐約市的一間投資公司工作。我告訴老闆想要離職時，他帶我到中央公園走了很長一段路。聽我說了很久以後，他才開口：「你知道嗎？傑夫，我認為這是很棒的點子，但對還沒有一份好工作的人來說會更適合。」他說服我先考慮兩天再做最後決定。這個決定，我不是用頭腦去想，而是去聆聽內心的聲音。等八十歲再回想當初，我希望人生中缺憾能儘量減少，而令人們後悔的，多半是不去行動——不去嘗試，以及沒有踏上的路。那些事情繚繞在我們的心頭。我的決定是我至少要盡力一試，如果連這都做不到，我會後悔自己沒有嘗試加入這個稱為網路的行列，因為我認為它將會是偉大的生意。

亞馬遜網站的創業資金主要來自我的父母。他們將畢生積蓄的一大部分投入自己並不了解的事業。他們不是把賭注下在亞馬遜或網路書店的概念上，而是投資自己的兒子。我告訴他們，我認為他們有百分之七十的機率賠錢，他們還是投資了。我參加了不只五十場會議，才從投資人手中募得一百萬美元。在這會面的過程中，我最常遇到的問題是：「什麼是網路？」

我們生活在一個偉大的國家。不像世界上其他許多國家，我們支持冒險創業，不會將承擔創業的風險污名化。我離開穩定的工作，來到西雅圖，在車庫裡創立新事業，心中非常明白事業或許不會成功。自己開車把包裹送到郵局去，夢想著有一天我們能買得起一輛堆高機，彷彿還只是昨天的事情。

下重注，做大規模

亞馬遜的成功絕非命中注定。在創立初期就投資亞馬遜，是風險非常高的提議。從我們成立公司，到二〇〇一年底，這段期間的累積虧損將近三十億美元，我們一直到那一年的第四季才開始獲利。頭腦聰明分析師們預言邦諾書店會輾壓我們，封我們為「亞馬遜．完蛋」（Amazon.toast）。一九九九年，我們經營將近五年了，此時《巴倫週刊》（*Barron's*）以「亞馬遜．炸彈」（Amazon.bomb）為標題，寫了一篇封面故事，報導我們即將面臨存亡關頭。我在二〇〇〇年的股東信開頭第一句就寫：「哎！」網路泡沫來到巔峰的時候，我們的股價大約衝到一百一十六美元，然後網路泡沫破裂，我們的股價跌到六美元。專家和權威人士認為我們會關門大吉。亞馬遜之所以能撐過這場危機，成為一間成功的公司，是因為有許多聰明的人，願意和我一起冒險，願意堅持我們的信念。

不是只有創立的前幾年而已。亞馬遜公司能夠成功，除了好運和優秀的人才之外，仰賴的就是我們不斷下大賭注。想要發明新事物，必須實驗，若事先知道不會成功，那就不叫實驗了。可觀的報酬來自於和傳統智慧對賭，但傳統智慧通常是對的。剛推出亞馬遜雲端運算服務（AWS）的時候，很多觀察家認為這是風險很高的外務。他們不懂：「販售運算和儲存能力，跟賣書有什麼關係？」沒有人要我們發明 AWS。結果證明，這個世界已經準備好，渴望擁有雲端運算能力，只是當時自己還並不清楚。在 AWS 這方面，我們看對了。但事實上，我們有許多次冒險並沒有成功。亞馬遜其實因為失敗而付出過數十億美元的代價。發明新事物和冒險難免會遭遇失敗，因此我們努力讓亞馬遜成為世界上最適合失敗的地方。

從公司創立之初，我們就盡全力維持「第一天」的心態。意思是我們會以第一天的充沛活力和創業精神處理每一件事。雖然亞馬遜是一間大公司，但我始終相信，如果我們努力維持第一天的心態，使其成為公司 DNA 裡最關鍵的部分，那麼我們就能同時擁有大公司的眼界和實力，以及小公司的精神和用心。

在我看來，目前為止，想要做到和維持第一天的心態，最好的辦法就是全心全意為顧客成功。為什麼？因為顧客總是感到不滿足，既美好又令人驚奇，即使他們表示滿意、公司業績很好，顧客還是不會滿足的。即使顧客自己還不清楚，他們想要的其實是更好的東西，當我們總是渴望討顧客歡心，就會燃起一股為他們持續創造新事物的動力。因此，全心全意為顧客著想，能產生一股內在動力，讓我們在不得不做之前，就想辦法提升我們的服務品質、加入新的好處和功能、發明新的產品、降低價格和加快出貨時間。從來沒有顧客要求亞馬遜創立尊榮會員制，但事實證明顧客希望有這樣的制度。我還可以告訴你們許多這樣的例子。不是每一間公司都將顧客擺在第一位，但我們是這樣的公司，這是我們最大的長處。

爭取顧客的信任很困難，失去顧客的信任卻很容易。如果你讓顧客來決定這間公司的走向，顧客就會對你很忠誠，直到別人提供更棒的服務為止。我們知道顧客有敏銳的觀察力和聰明的心思。顧客會注意到我們努力在做對的事情，堅持下去就能贏得顧客的信任，是我們的信條。在一段長時間裡，把困難的事情做好，就能慢慢累積信任感。把困難的事情做好包括：準時送達包裹、每天提供低廉的價格、給予並遵守承諾、依照原則做出決定（即便決定不受歡迎也要堅持），以及發明更多便利的方式，促進購物、閱讀和居家環境自動化，讓顧客能將時間多花在家人身上。我在一九九七年第一封股東信裡就提過，我們的決策基礎在於，我們的發明能否滿足顧客需求，創造長期價值。當我們因為那些選擇遭受他人批評，我們會傾聽心底的聲音，從鏡中檢視自己。如果認為批評說得對，我們就改變做法。如果出錯了，我們就道歉。但是如果你看著鏡中的自己，衡量過批評的意見，仍然相信你在做對的事情，這個世界上就沒有什麼力量能撼動你。

所幸，我們的方針見效了，主要獨立民調的結果顯示，百分之八十的美國人對亞馬遜的整體印象很正面。美國人民相信，誰比亞馬遜更能「做對的事情」？根據二〇二〇年一月晨間諮詢公司（Morning Consult）的調查，只有家庭醫師和軍隊超越亞馬遜。二〇一八年，喬治城和紐約大學的研究人員進行一項關於機構和品牌信任度的調查，發現填答者對亞馬遜的信任度，整體而言僅次於軍隊。共和黨員對亞馬遜的信任度，僅次於軍隊和當地警察；民主黨員對亞馬遜的信任度則是第一名，勝過所有的政府單位、大學和媒體。我們在《財星》雜誌二〇二〇年全球最受尊崇企業（World's Most Admired Companies）排行榜奪下亞軍（第一名是蘋果公司）。顧客看見亞馬遜為了顧客做的努力並報以信任，感謝他們。在亞馬遜的第一天文化裡，最強勁的動力就是努力贏得並保有那份信任感。

大家心目中的亞馬遜是一間用側面印微笑的咖啡色箱子，將你在網路上訂購的商品寄送給你的公司。我們從那裡起步，目前為止，零售依然是我們最大的事業部門，在總營收占比超過百分之八十。零售的本質就是將商品交到顧客手中，要能貼近顧客，不能將工作外包給中國或其他地方。為了在美國達成我們對顧客的承諾，我們需要美國勞工，來將商品配送給美國顧客。顧客在亞馬遜網站購物時，也是在幫當地社區創造就業機會。因此，亞馬遜直接僱用了一百萬名員工，其中有許多是領時薪的入門工作。我們不是只在西雅圖和矽谷聘僱教育程度高的電腦科學家和企管碩士。我們在美國各州（例如：西維吉尼亞州、田納西州、堪薩斯州和愛達荷州）聘僱並培訓成千上萬名員工，職務包括裝貨、機械操作和工廠管理。對許多人來說，這是他們的第一份工作。有些人把這份工作當作踏入其他職業的墊腳石，我們以能幫助他們為傲。我們支付超過七億美元，讓十萬多名亞馬遜員工參與培訓課程，在醫療保健、運輸、機器學習和雲端運算等領域進修。我們稱這項計畫為「職涯選擇」，亞馬遜會支付百分之九十五的學雜費，供員工在具高度需求的高薪行業領域取得相關證照或學位，不限制領域範圍是否與員工在亞馬遜的工作有關。

我們有一位同仁，名叫派翠莎．索托（Patricia Soto），就是職涯選擇計畫的成功例子。派翠莎一直很想從事照顧他人的醫療工作，但她只有高中學歷，而且接受高等教育的學費很可觀，她不確定自己能否達成目標。透過職涯選擇計畫取得醫事人員證照後，派翠莎離開亞馬遜展開新的職業生涯，在薩特古爾德醫學基金會（Sutter Gould Medical Foundation）擔任醫務助理，協助胸腔科醫師治療病患。職涯選擇計畫提供機會，讓派翠莎和許多其他人轉換跑道，去追求原本看似不可能的職業發展。

這十年，亞馬遜在美國投入超過二千七百億美元。除了亞馬遜本身的員工，我們的投資案間接創造了近七十萬個工作機會，領域包括營建、物業管理服務和接待服務。我們在麻州福爾里弗市、加州的「內陸帝國」以及俄亥俄州等鐵鏽地帶（Rust Belt）徵才和投資，為這些地區創造需求孔亟的就業機會，並將上億美元的資金投入當地經濟活動。在新冠肺炎疫情爆發期間，我們多聘僱了十七萬五千名員工，許多是因為經濟停擺而被解僱的人。光是第二季，為了在新冠肺炎危機期間，將必需品送到顧客手中，同時照顧員工的健康安全，我們就花了四十多億美元。除此之外，來自亞馬遜各個工作崗位的員工，組成一個專案團隊，定期替我們的員工篩檢新冠肺炎病毒。我們很樂意將這些經驗，分享給其他想要學習的公司和政府單位合作夥伴。

我們投身的全球零售業，市場規模極大、競爭非常激烈。亞馬遜在產值二十五兆美元的全球零售市場裡占比不到百分之一，即使是美國零售市場，亞馬遜的占比也不到百分之四。零售不像其他贏家通吃的產業，這裡容得下許多贏家。舉例來說，光是在美國就有不只八十間零售商年營收超過十億美元。我們和其他零售商一樣，很清楚商店能否經營成功，完全仰賴顧客對購物經驗的滿意度。亞馬遜每一天都在和市場上聲譽卓著的大型參與者競爭，有塔吉特、好市多和克羅格（Kroger），當然還有沃爾瑪，沃爾瑪的規模超過亞馬遜的兩倍。

雖然以網路為主要管道，為顧客提供優質的零售購物經驗，一直是我們的經營焦點，但是其他零售商的網路業績成長幅度同樣不容小覷。沃爾瑪的網路銷售業績在今年第一季成長百分之七十四。而且顧客對其他商店創始的服務趨之若鶩，亞馬遜在這一塊的規模還無法與那些大公司匹敵，例如：路邊取貨和店內退貨服務。近年來這股趨勢與日俱增，今年由於新冠肺炎疫情的緣故，更顯重要。最近這幾個月，顧客擔心感染新冠肺炎也推了一把，網路訂購、路邊取貨的成長幅度超過百分之二百。我們也面對 Shopify 和 Instacart 這類新對手的競爭——在這些公司的幫助下，傳統實體商店幾乎不用花什麼時間，就能創建功能完備的網路商店，用從前沒有的創新方式直接出貨給客戶——還有愈來愈多採用全通路經營模式的零售商，和我們競爭。

在美國，幾乎所有經濟部門都普遍依賴科技，零售產業也不例外，不論網路商店、實體商店，抑或現今採用各種網路與實體銷售結合模式的多數商店，零售產業的競爭力都因此提高了。我們和其他零售商都非常清楚，不論我們以何種方式將「網路」與「實體」商店的強項結合，每一間零售商要爭取服務的都是同樣一批顧客。在零售業，競爭對手會一直改變，服務會推陳出新，始終不變的只有，顧客會要求更低廉的價格、更完善的商品選項與便利性。

和賣家、顧客一起成功

我們也必須了解，亞馬遜的成就完全取決於成千上萬間一起在亞馬遜商店販售物品的中小企業是否成功。一九九九年時，我們做出創舉，歡迎第三方賣家加入我們，讓他們和我們在同一個商品頁面販售物品，在內部引起非常大的爭議，有許多同仁不贊成公司這麼做，甚至預言，亞馬遜會進入漫長的競爭局面，最後輸掉戰爭。我們不必邀請第三方賣家加入我們的網路商店，大可將寶貴的地盤留給自己。但是我們堅信，長久以往，這麼做能為顧客增加商品選項。一旦顧客的滿意度提高，對第三方賣家和亞馬遜都是好事。事後證明的確如此。第三方賣家加入後，一年內，第三方的業績就占銷售量的百分之五，我們很快就清楚知道，顧客對輕鬆買到最佳商品和在同一間商店看見不同賣家的價格，感到非常滿意。現在，這些中小型第三方業者替亞馬遜商店增加非常多商品選項，數量遠勝於亞馬遜本身的零售事業。第三方實體商品販售業績在亞馬遜網站的占比，目前大約是百分之六十。而且業績攀升速度超過亞馬遜本身的零售業績。我們推測這並非零和遊戲，這個想法沒錯，餅整個做大了，第三方賣家表現非常突出，成長很快，對顧客和亞馬遜來說都是利多。

現在全世界有一百七十萬家中小企業在亞馬遜商店賣東西。二〇一九年，全球超過二十萬名創業家，在亞馬遜商店銷售額達十萬美元以上。除此之外，我們推估，在亞馬遜商店販售商品的第三方業者，在世界各地創造超過二百二十萬個新工作。其中一位是想要轉換跑道，多待在家裡陪伴孩子的賣家雪莉．尤克（Sherri Yukel）。起初雪莉當作一份嗜好，為朋友製作手工禮品和派對用品，後來開始在亞馬遜販售產品。今天，雪莉的公司僱用大約八十名員工，顧客遍及全球各地。另外一位是住在鹽湖城、育有五名子女的全職媽媽克莉絲汀．克洛格（Christine Krogue）。克莉絲汀先是用自己架設的網站販售嬰兒衣物，後來到亞馬遜網站碰碰運氣，在那之後業績翻了一倍以上，產品線因此擴大，還請了幾位兼職員工。在亞馬遜賣東西，讓雪莉和克莉絲汀能按照自己的方式，去擴大事業版圖和滿足顧客需求。

而且，可別忘了，一切不過是最近才發生的事。我們並非一開始就是最大的網路市集，eBay 的規模是我們的好幾倍。正因為我們全心全意支援賣家，盡己所能為他們發明最棒的工具，我們才能成功，直到最後超越 eBay。其中一項工具是亞馬遜物流服務。第三方賣家能透過這項服務，將存貨放在我們的物流中心，由我們來處理所有的物流、顧客服務和產品退貨事宜。

我們用符合成本效率的方式，將販售過程裡所有困難的環節大幅簡化，協助成千上萬名賣家在亞馬遜拓展事業。我們的成功或許說明了，何以各類大大小小的網路市集在全球遍地開花，包括沃爾瑪、eBay、Etsy、塔吉特等美國公司，以及阿里巴巴、樂天等跨足全球的海外零售商。這些網路市集的環伺，使零售業競爭更形劇烈。

我們在每一天贏得顧客的信任，過去十年，因為這份信任感，比其他公司在美國創造出更多就業機會，我們在美國四十二個州提供成千上萬份工作。亞馬遜員工最低時薪有十五美元，比聯邦政府規定的最低薪資高出一倍多（我們已敦促國會提高最低薪資）。我們向其他大型零售業者發出戰帖，希望他們同樣提供十五美元的最低時薪。塔吉特最近做到了，就在上星期，百思買（Best Buy）也做到了。我們歡迎他們加入行列，目前為止只有這兩家業者響應。我們也不吝於提供福利。全職時薪員工和領月薪的總部員工享受相同的福利，包括到職第一天就能享有綜合健康險、適用四〇一（K）退休制度，以及含二十週有薪產假的育嬰假。歡迎各位拿我們的薪資和福利水準，與我們在零售業的競爭者比較。

亞馬遜的股票有百分之八十由非亞馬遜內部人員持有。這二十六年來，我們從零開始，為那些外部股東創造超過一兆美元的財富。這些股東是誰？有警消人員和教師退休基金，以及持有一部分亞馬遜股權的四〇一（K）共同基金。另外還有大學的捐贈基金，持有名單持續增加中。我們為這麼多人創造財富，讓許多人能夠更安心地退休，實在是一件令人非常驕傲的事。

在亞馬遜，為顧客著想的理想造就我們，帶我們不斷實現更崇高的目標。我知道亞馬遜有十個人時能辦到什麼事，知道我們有一千人、一萬人時能辦到什麼事，也很清楚今天我們有將近一百萬人了，能辦到什麼事。我很欣賞在車庫創業的人，我自己就是其中一個。但世界除了需要小公司，也需要大公司。有一些事，小公司絕對辦不到。我認為，不管身為創業家的你有多優秀，你就是無法在自家車庫打造全碳纖維材質的波音七八七飛機。

我們的規模夠大，因此能在具有份量的社會議題上，產生重大影響。亞馬遜邀請其他公司一起簽署《氣候承諾》，致力提早十年，在二〇四〇年達成《巴黎協定》的零淨碳排放量目標。為了實踐承諾，我們的計畫包括向密西根電動車製造商里維安購入十萬輛電動貨車。亞馬遜預計在二〇二二年讓一萬輛里維安的新電動貨車上路，在二〇三〇年讓十萬輛電動貨車全數上路。亞馬遜在全球推動九十一項太陽能與風力發電計畫，可產生二・九百萬瓩的電量，每年供應超過七十六億度電力，這些電力足以供六十八萬戶以上的美國家庭使用。

亞馬遜也透過即時氣候基金為全球造林計畫挹注一億美元的資金，其中包括，亞馬遜在四月承諾投資一千萬美元進行保育，支持阿帕拉契山脈的永續林業、野生生物和以自然為本的解決方案，我們與大自然保護協會合作，為兩項創新計畫提供資金。最近，威訊（Verizon）、利潔時（Reckitt Benckiser）、印福思（Infosys）和橡景集團（Oak View Group）等四間跨國公司簽署《氣候承諾》。我們會繼續鼓勵其他公司加入對抗的行列。我們會發揮身為大公司的規模優勢，立刻著手因應氣候變遷帶來的危機。上個月，亞馬遜成立氣候承諾基金（The Climate Pledge Fund），以亞馬遜資助的二十億美元開始運作。基金用途為開發有利永續發展的科技與服務，進而幫助亞馬遜與其他公司達成《氣候承諾》的目標。資助的對象為具有遠見的創業家和創新人士，他們的產品與服務可幫助企業減少碳排放的影響，以更符合永續發展的方式經營。

我們最近創辦了華盛頓州最大的遊民收容所，地點就在西雅圖市中心的新總部裡面，提供給非常傑出的西雅圖非營利組織「瑪麗之家」使用。亞馬遜捐給瑪麗之家一億美元的資金，以一部分興建這幢總共八層樓、每晚容納多達二百名家庭成員的收容所。裡面有自己的醫療診所，並提供關鍵的工具和服務，協助不想再流離失所的遊民家庭重新振作。還有一個專屬空間，讓亞馬遜在這裡每週提供公益性質的法律諮詢服務，回答有關信用與債務、個人傷勢、住宅與租賃權益的法律問題。自二〇一八年起，亞馬遜的法律團隊協助過成千上百名瑪麗之家的收容住戶，提供超過一千小時的義務性公益服務。

此外，我們推出亞馬遜未來工程師計畫。這項全球計畫旨在從小培養科技人才並協助相關就業發展，啟發、教育、培植上千名資源不足少數社區的兒童與青年男女，協助他們在電腦科學的行業築夢。未來工程師計畫資助上百間小學開設電腦科學課程及培訓專業教師，資助全美各地超過二千所資源不足社區的學校開設入門班與進階先修電腦科學班，並且提供一百個金額四萬美元的四年制大學獎學金名額，供來自低收入家庭的電腦科學系學生申請。此外，獎學金得主保證可進入亞馬遜實習。科技業有人才不夠多元化的問題，對黑人族群的影響尤其巨大。我們希望用這些資金為業界培養下一個世代的科技人才，同時給比較沒有聲音的少數族群更多機會。也希望能從現在就加快改變的速度。為了尋找科技與非科技領域的傑出人才，我們主動與傳統黑人大學合作招募員工、實習生，並一起推動進修計畫。

最後，我想說的是，我相信亞馬遜應該受到嚴格檢視。我們應該要嚴格檢視每一個大型組織，包括公司企業、政府機構以及非營利組織。我們有責任以優異的表現通過檢驗。

亞馬遜誕生在美國並非偶然。地球上沒有一個國家能像美國這樣，讓新興公司起步、成長和茁壯。我們的國家提倡足智多謀和自立自強，鼓勵人們白手起家。我們以穩健的法律制度、世界頂尖的大學教育體系、民主自由、深植人心的冒險文化，扶植創業家和新創公司。沒錯，我們這個偉大的國家絕對稱不上完美。就在我們緬懷約翰・路易斯（John Lewis）議員，表彰路易斯議員的貢獻之時，爆發了這場至關重要的種族爭議事件。我們也面臨氣候變遷和所得不均的挑戰，我們正步履蹣跚想辦法度過全球疫情危機。然而，世界各國仍渴望能夠嚐上一小口美國擁有的靈丹妙藥。像我爸爸這樣的移民，看見美國的可貴之處，敏銳如他們，往往比幸運生在美國的我們看得更清楚。對美國而言，今天依然是第一天。儘管此時此刻，美國面臨到的種種挑戰讓我們了解自己能力有限，但我對未來的看法，從來沒有像現在這麼樂觀過。

感謝各位給我機會來到這裡，我很樂意回答各位的問題。

收錄文章來源說明

本書內容分為兩部分，皆取材自貝佐斯的談話與想法，第一部分「經營篇——給股東的信」是貝佐斯在每年四月寄給其公司股東的公開信。第二部分「人生篇——選擇、務實與夢想」取材自貝佐斯以下幾場訪談與演講的文字紀錄：

・二〇一八年九月十三日，華盛頓經濟俱樂部（Economic Club of Washington）訪談，訪問人大衛・魯賓斯坦（David Rubenstein）
・二〇一九年九月十九日，《氣候承諾》發起記者會
・二〇一六年五月十八日，《華盛頓郵報》革新者會議（Transformers）
・貝佐斯為普林斯頓大學二〇一〇年畢業班演講
・二〇一九年十二月七日，二〇一九年雷根國防行動（Reagan National Defense Initiative）會議，主辦單位為雷根學院（Ronald Reagan Institute），主持人弗雷德・萊恩（Fred Ryan），訪問人羅傑・扎克海姆（Roger Zakheim）
・二〇一九年五月九日，華盛頓特區，藍源月球登陸器「藍月」亮相活動
・二〇一七年十一月四日，貝佐斯與弟弟馬克在Summit LA 17的座談

下面分別列出各篇文章引用自上述哪些來源資料：

生命給我的禮物（華盛頓經濟俱樂部訪談）
普林斯頓轉捩點（華盛頓經濟俱樂部訪談）
聰明是天賦，仁慈是選擇——二〇一〇普林斯頓大學畢業演講

智與謀的鍛鍊（貝佐斯與馬克的座談文稿）
改行（華盛頓經濟俱樂部訪談）
至關重要的環節（華盛頓經濟俱樂部訪談）
創業家資本主義（華盛頓經濟俱樂部訪談）
尊榮會員制的發明流程（華盛頓經濟俱樂部訪談）
一年做三個好決策（華盛頓經濟俱樂部訪談）
AWS 奇蹟（華盛頓經濟俱樂部訪談）
Alexa 與機器學習的黃金年代（《華盛頓郵報》訪談）
與全食超市相乘（華盛頓經濟俱樂部訪談）
決定接手《華盛頓郵報》（華盛頓經濟俱樂部訪談）
把困難的事做好（雷根國防行動會議訪談）
平衡的誤導（貝佐斯與馬克的座談文稿）
不要找傭兵（雷根國防行動會議訪談）
決策的兩種類型（雷根國防行動會議訪談）
競爭的關鍵認識（雷根國防行動會議訪談）
大企業與政府（華盛頓經濟俱樂部訪談）
第一個簽署《氣候承諾》（氣候承諾記者會）
貝佐斯第一天基金（華盛頓經濟俱樂部訪談）
未來世代的太空計畫（藍源華盛頓特區活動）
在偉大的國家繼續創新（貝佐斯出席二〇二〇年七月二十九日至美國眾議院司法委員會反托拉斯、商業暨行政法小組作證之前呈交的發言稿）

天下財經 436

創造與漫想

INVENT AND WANDER

作　　者／傑夫・貝佐斯（Jeff Bezos）
導讀作者／華特・艾薩克森（Walter Isaacson）
譯　　者／趙盛慈　封面設計／ Bianco Tsai
責任編輯／吳瑞淑　內頁排版／林婕瀅

天下雜誌群創辦人／殷允芃
天下雜誌董事長／吳迎春
出版部總編輯／吳韻儀
出 版 者／天下雜誌股份有限公司
地　　址／台北市 104 南京東路二段 139 號 11 樓
讀者服務／（02）2662-0332　傳真／（02）2662-6048
天下雜誌 GROUP 網址／ http://www.cw.com.tw
劃撥帳號／ 01895001 天下雜誌股份有限公司
法律顧問／台英國際商務法律事務所・羅明通律師
製版印刷／中原造像股份有限公司
總 經 銷／大和圖書有限公司　電話／（02）8990-2588
出版日期／ 2021 年 4 月 30 日第一版第一次印行
　　　　　2021 年 8 月 31 日第一版第五次印行
定　　價／ 450 元

INVENT AND WANDER
The Collected Writings of Jeff Bezos, With an Introduction by Walter Isaacson

書號：BCCF0436P
ISBN：978-986-398-671-3（平裝）

直營門市書香花園　台北市建國北路二段 6 巷 11 號　（02）25061635
天下網路書店 shop.cwbook.com.tw
天下雜誌出版部落格——我讀網 books.cw.com.tw/
天下讀者俱樂部 Facebook www.facebook.com/cwbookclub

本書如有缺頁、破損、裝訂錯誤，請寄回本公司調換

國家圖書館出版品預行編目（CIP）資料

創造與漫想 / 傑夫・貝佐斯（Jeff Bezos）著；趙盛慈譯 . --
第一版 . -- 臺北市 : 天下雜誌 , 2021.05
328 面 ; 14.8×21 公分 . --（天下財經 ; 436）
譯自 : Invent and wander : the collected writings of Jeff Bezos,
　　with an introduction by Walter Isaacson
ISBN　978-986-398-671-3（平裝）
1. 貝佐斯 (Bezos, Jeffrey)　　2. 企業經營　　3. 企業領導
4. 電子商務
494　　　　　　　　　　　　　　110005390

天下雜誌
觀念領先